Thea Wilken

Die Geheimnisse der guten Mops-Erziehung

Tipps und Tricks bei Auswahl, Haltung und Erziehung

W0289594

ersa Verlag

Inhaltsverzeichnis

Vorwort

Der Mops polarisiert. Er wird geliebt oder verspottet, dazwischen scheint es nichts zu geben.
Doch was macht diesen Hund so einzigartig?
Schon seine Geschichte ist außergewöhnlich und geht 2000 Jahre zurück bis ins ferne China, genauer gesagt an den Hof des Kaisers, wo der Mops als Belustigung seines Herren allerlei Schabernack trieb und die vornehme Gesellschaft unterhielt. Denn mit seiner aufgeweckten, lustigen und liebevollen Art war der Mops bereits damals konkurrenzlos.
Heutzutage genießt der Mops vor allem als munterer Gesellschafter und Familienhund ungemeine Popularität. Seinen putzigen Namen hat er übrigens aus dem Niederländischen: „Mopperen" heißt soviel wie „Brummeln" (gemeint sind die brummeligen Geräusche, die der Mops beim Schlafen macht). Der Mops ist von einer liebenswürdigen Anhänglichkeit, die ihn zum perfekten Gefährten des Menschen macht. Bei seiner Lebhaftigkeit und seinem lustigen Temperament ist er selten nervös oder hektisch.
Äußerst friedlich, lebt er sich überall schnell ein und passt sich dem Alltag seines Menschen gut an.
Kaum jemand entkommt dem Charme dieses gewieften Koboldes, der fröhlich grunzend wie ein kleines Schweinchen mopsfidel durchs Leben steppt. Und kaum jemand, der je sein Leben mit einem Mops geteilt hat, kann sich ein selbiges ohne ihn mehr vorstellen. Ja es stimmt: Das „Möpschen" bringt Schwung in die Bude und eignet sich dabei sowohl für die Familie als auch für Singles oder Rentner. Der Mops will seinem Mensch gefallen und Du solltest dem Hund mit Respekt, Zuneigung und

Interesse begegnen. Denn ähnlich wie bei Menschen ist diese Beziehung stets einzigartig und will gepflegt werden. Man muß kein Mops sein um zu begreifen, dass stete und andauernde Langeweile ohne echte Beschäftigung keine Option ist. Regelmäßige ausgiebige Ausflüge ins Freie sollten also an der Tagesordnung stehen, besonders auch deshalb, weil der Mops zu Übergewicht neigt und dieser ungesunden Schwerfälligkeit vorzubeugen ist. Auch Tierarztbesuche und die damit verbundenen Kosten müssen eingeplant werden.

Der Mops hat eine Lebenserwartung von ca 12-15 Jahren. Er ist ein sehr sensibler Hund, der gewisse Ansprüche an seine Halter stellt. Bekommt er nicht genügend Zuwendung, kümmert er dahin und kann dadurch krank werden.

Steht die Anschaffung fest und Du bist Dir Deiner vollen Verantwortung gegenüber Deinem Mops bewusst, geht es daran, ein geeignetes Tier für Dich zu finden.

Nicht selten kommt es vor, dass Liebhaber dabei üblen Betrügern auf den Leim gehen. Da kauft man für teures Geld ein Tier, welches bei der ersten Begegnung augenscheinlich putzmunter war, das aber bereits wenig später zu kränkeln beginnt.

Nun sitzt man da und ist dem kranken Tier verpflichtet. Horrende Tierarzt-Rechnungen wollen beglichen werden und eine Rund-um-die-Uhr-Pflege rauben Dir und Deinem Hund den letzten Nerv.

Und das alles nur, weil man es mit dem Kauf völlig überstürzt hatte und vielleicht auch den einen oder anderen Euro sparen wollte. Doch wie erkennt man seriöse Verkäufer? Wie hoch sollte der Preis für einen Mops-Welpen sein? Welche Pässe solltest Du unbedingt bei Kauf erhalten und wie erkennst Du, ob die Zucht in Ordnung ist? Hat man den Mops gekauft, beginnt ein neuer Lebensabschnitt und weitere Fragen stellen sich: Wie erziehe ich mein Tier richtig? Welche Tipps und Tricks gibt es, dem Mops Gehorsam beizubringen und dabei den spielerischen Aspekt nicht aus den Augen zu verlieren? Neben zahlreichen Tricks bei der Mops-Erziehung zeige ich Dir in diesem neuen Ratgeber, mit welchen 1:1 umsetzbaren Tipps und Techniken Du es schaffst, dass Dein Mops in allen Situationen auf alle Deine Kommandos hört – und wie Du Verhaltensprobleme Deines Hundes vermeiden oder erfolgreich stoppen kannst.

Du erfährst nicht nur wichtige Hintergrundfakten zum Thema Anschaffung eines Welpen (mit vielen seriösen Adressen von Züchtern) und was Du beachten musst, um gesundheitliche Risiken des Hundes weitestgehend auszuschließen, sondern auch wie Du richtig fütterst, damit Dein Möpschen lange gesund bleibt und Ihr viel Freude miteinander habt. Selbsterklärend darf natürlich auch der Spaß nicht zu kurz kommen, daher habe ich in 2 Extra-Kapiteln dieses Buches viele Hunde-Tricks eingebracht, die Dir, Deinem Mops und selbstverständlich auch seinem Publikum eine große Portion Spaß und Verblüffung bringen sollen. Ich wünsche Dir nun viel Spaß beim Lesen!

Das Mops-Porträt

Temperament und Wesen des Mops: Diese Fakten mußt Du kennen

Der Mops ist eine echte Persönlichkeit. Und obwohl er recht eigensinnig sein kann, ist er grundsätzlich ein folgsamer Hund, dem Du mit Geduld und Interesse eine Menge beibringen kannst. Wenn es dem Mops in den Sinn kommt, kann er aber auch ein ignorant erhabenes Auftreten an den Tag legen. In solchen Momenten wird Dir der Mops klar und unmissverständlich signalisieren: „Nein, heute habe ich keine Lust." An den meisten Tagen jedoch wird Dir der Mops seine rührende Anhänglichkeit und Kontaktfreude demonstrieren, die Du keinesfalls ignorieren solltest.

Anderen Menschen und Tieren tritt der Mops ohne Vorbehalte und mit viel Freude entgegen. Man könnte dem Mops auch nachsagen, dass er manchmal etwas zu vertrauensseelig durchs Leben schreitet. Und schon so mancher Mops-Besitzer musste schon in letzter Sekunde zur Hilfe eilen, beispielsweise dann, wenn sich der Mops, völlig angstfrei, mit deutlich größeren Tieren einlassen wollte. Nicht jeder Hund ist leider so ein „Ritter ohne Furcht und Tadel" wie unser Mops! Viele Menschen mögen den Mops für einen dummen Hund halten, lassen sie sich von seiner gekonnten Darstellungskunst blenden, sich absichtlich etwas dümmlicher zu geben als er tatsächlich ist. Hinzu kommt sein spezielles Aussehen, und zugegebenermaßen spielt der Mops gern die Witzfigur. Doch Obacht ist geboten, wenn der Mops beginnt, Menschen um den Finger wickeln zu wollen, was unserem intelligenten Gefährten fast immer gelingt. Wer kann schon diesem drollig aufgesetzten Mops-Blick widerstehen? Der Mops ist in vielerlei Hinsicht wie „ein Kind", das sich seine Spielfreude bis ins hohe Alter bewahrt. Trotz dieser vielen sympathischen Eigenschaften ist und bleibt der Mops ein Hund mit echten Wolfseigenschaften, wie jeder andere Hund auch. Auch kann ein Mops -Welpe seinem Herrchen schonmal die Zornesfalten auf die Stirn treiben, wenn er ein frevelhaftes Verhalten an den Tag legt, das bei manchem Halter für Fassungslosigkeit sorgt. Hier gilt es, völlig unaufgeregt zu bleiben. Als ich vor vielen Jahren meinen ersten Mops hatte, war ich für eine knappe halbe Stunde zum Einkaufen. Als ich wiederkam, hatte mein Mops Manfred meine Küche in ein Schlachtfeld verwandelt, indem er noch Verwertbares aus dem Mülleimer selektierte und auf den Küchenfliesen verteilte. Du kannst Dir meine „Freude" sicherlich vorstellen. Doch ich behielt die Ruhe und schwor mir, beim nächsten Mal schlauer zu sein. Trotzdem konnte ich Manfred keine Sekunde lang böse sein als er mich mit großen unschuldigen Mops-Äuglein anblickte: „Sei mir doch nicht böse." Ich staune außerdem immer wieder, wie kreativ Mops-Welpen in der Auswahl ihrer Beschäftigungsmöglichkeiten sind, wenn sie die Langeweile plagt. Überhaupt kann das Möpschen sehr „durchtrieben" sein. Verbietest Du ihm dies und das, wird er Dir wie aufgetragen gehorchen, zumindestens so lange, bis du ihm den Rücken zudrehst und er sein Tun unbeobachtet fortsetzt.

Diese „Macken" musst Du aushalten, zumindest am Anfang, wenn der kleine Mops nichts als Unfug im Schilde führt. Eine artgerechte Erziehung wird den Mops schon noch formen. Der Mops ist auch ein idealer Hund für Kinder, da er niemals beißen oder andere aggressive Verhaltensweisen an den Tag legen wird. Trage deshalb immer Sorge dafür, dass Dein Kind dem Mops mit dem nötigen Respekt entgegentritt, da der Mops weder an Schwanz und Ohren gezogen, noch gekniffen oder gequält werden darf. Braucht der Mops seine Ruhe, so soll man ihn lassen. Eine gewisse Schwerfälligkeit liegt manchmal in der Natur dieser Rasse.

Die Familie ist in der Pflicht, den Mops für den Rest seines Lebens als vollwertiges Familienmitglied zu behandeln und sich um ihn zu kümmern. Für den Mops wäre es ein unverwundbarer Vertrauensbruch, würde er, aus welchen Gründen auch immer, von seinen Menschen abgeschoben. So ein Trauma sollte dem Mops also erspart bleiben, denn auch der nächste Halter würde das tiefe Seelenleid des Mopses zu spüren bekommen, indem kein echtes Vertrauen mehr zwischen Mops und Mensch zustande käme. Der Mops würde zu einem traurigen Nervenbündel, und diesen Umstand könntest Du niemals gutheißen, oder? Der Mops ist nie nur ein Modehund, sondern ein Tier, das Liebe und Zuneigung braucht wie die Luft zum Atmen. Ich habe die Erfahrung gemacht, dass es wohl in der Natur des Mopses liegen muß, Schmerzen, Krankheit und sonstiges Leid gut zu verbergen. Es ist also an Dir, Obacht über das Wohlergehen Deines Tieres zu hegen, selbst wenn es auf den ersten Blick keinerlei Anzeichen geben mag, dass es ihm schlecht geht. Der Mops erträgt Leid, will seinen Besitzer jedoch nicht damit belasten.

Ich kannte eine Frau, deren Mops eines Tages lahmte. Da der Mops nicht jaulte oder schrie, hielt sie dies für ungewichtig und dachte sich nichts dabei. Ein schwerwiegender Fehler, denn wie sich später herausstellte, hatte der Mops sich das Sprunggelenk gebrochen. Jeder andere Hund hätte wahrscheinlich ein Riesenaffentheater veranstaltet, nicht so aber unser Mops. Wenn Du also beobachtest, dass sich Dein Mops anders als sonst bewegt, lahmt, schwerer atmet als gewöhnlich oder andere ungewohnte Verhaltensweisen aufzeigt, solltest Du unverzüglich die Hilfe Deines Tierarztes beanspruchen.

Kauert der Mops zitternd in der Ecke und verweigert sein Futter, macht er einen eher unglücklichen Eindruck, messe die Temperatur des Tieres und suche den Tierarzt Deines Vertrauens auf. Hast Du die Vermutung auf etwaige Brüche, bestehe auf ein Röntgen-Bild! Die Gattung Mops kann u.U. lebensbedrohliche Erkrankungen sehr gut kaschieren. Mops-Welpen sollten zudem keine hohen Sprünge machen und Treppen steigen, da die Gelenke noch weich sind und Schaden nehmen könnten!

Natürlich bestätigen auch einige Widersprüche die Tatsache, das hier vom Mops gesprochen wird. Denn sollen ihm die Krallen gekürzt oder Zahnbehandlungen durchgeführt werden, neigt der Mops zum oscarverdächtigen Schauspiel. Dieses zeichnet sich durch ein wehleidiges Getue und Geheule aus, das seinesgleichen sucht.

Der Mops ist eben ein unverwechselbares Individuum und ich kenne für wahr keinen anderen Hund, der sich so ins Zeug legen kann wenn es darum geht, den eigenen Sturkopf durchzuboxen. Du wirst mir sicherlich zustimmen wenn ich behaupte, dass Du als HerrIn über Deinen Mops also über eine gehörige Portion Humor verfügen solltest.

Ja, die Bezeichnung „Antidepressivum auf vier Beinen“ trägt keine andere Gattung so zu Recht wie unser Mops. Und dieser wird sein komödiantisches Talent nicht selten zu eigennützigen Zwecken einzusetzen wissen. Denn es wird immer wieder Momente geben, in denen Dein Mops versuchen wird, sein Köpfchen durchzusetzen, wie beispielsweise bei der täglichen Fütterung. Denn ein Mops ist wahrlich kein Kostverächter und sein Hunger scheint manchmal unendlich groß zu sein. Doch besonders diese Rasse muß auf eine sportliche Linie achten und es ist an Dir, ein gesundes Maß bei der Fütterung einzuhalten. Dem unwiderstehlichen Hundeblick standhaft zu bleiben, der bettelnd um „Mehr" fleht, ist da nicht immer ganz einfach. Standhaftigkeit und Disziplin sind auch Eigenschaften, die Dir als Halter nicht ganz fremd sein sollten. Dabei sind besonders Junghunde bis 2 Jahren besonders gefräßig aber auch unglaublich energiegeladen. Dies ist besonders am ausgelassenen Spiel zu beobachten und ich musste schon manches Mal für eine Zwangspause beim Toben sorgen, weil junge Hunde oft kein Ende fanden. Gib besonders bei Welpen Acht, denn sie neigen zur Selbstüberschätzung und können Gefahren oft nicht abwägen. Dies hat schon so manchem Mops das junge Leben gekostet, das durch ein plötzlich losfahrendes Auto oder andere Hunde genommen wurde. So geschehen immer wieder traurige Unfälle, die auch beim Halter langjährige Traumata auslösen können. Pass also auf, dass Dein Tier sich nicht irgendwann vor einem parkenden Auto ausruht oder sich mit offensichtlich größeren und vielleicht manchmal auch aggressiven Tieren anlegt. Der Mops möchte nur spielen, doch leider wird seine Botschaft oft missverstanden und das kann den kleinen Kerl dann Kopf und Kragen kosten.

Ansonsten ist der Mops ein kleiner, lebhafter und liebenswerter Hausgenosse und Gefährte, der stets bei seinem Menschen sein möchte. Er ist dabei sehr anpassungsfähig und auch seine Umgebung ist ihm dabei relativ egal, solang Du an seiner Seite bist.

„Möpse schnarchen, haaren und stinken." Diese Behauptung lese ich oft und Du solltest wissen, dass dies keine reinen Mops-Eigenschaften sind. Das mitunter laute Schnarchen ist eine Eigenschaft, die auch andere brachycephale Rassen innehaben.

Da der Mops auch zu den kurzhaarigen Rassen zählt, haben seine Haare die besondere Eigenschaft, überall, aber besonders in Kleidung, Teppichen und Möbeln, haften zu bleiben. Man kann sie zwar entfernen, aber dies gestaltet sich insofern schwieriger als bei anderen Tierhaaren, da sich selbige in einer besonderen Art und Weise im Stoff „verfangen". Ich habe dieses Problem mit einem speziellen Staubsauger gelöst, der sich „Kobold" nennt. Dieser hat eine besonders starke Saugkraft und dreht beim Entfernen der Haare zudem mit 2 Rollen, die die Tierhaare vom Kleidungs,- oder Möbelstück bzw. Teppich lösen und aufsaugt. Dieses haarige Problem haben jedoch fast alle kurzhaarigen Rassen gemein und lässt sich keinesfalls nur auf den Mops beschränken. Oft wird behauptet, dass der Mops in seiner Kondition eingeschränkt sei, da er an Asthma und Kurzatmigkeit leidet und ständig in Atemnot sei. Dies ist natürlich nicht ganz richtig, vorausgesetzt, der Mops stammt einer guten Zucht ab und ist in einem normalen Training, d.h. dass er genug Bewegung bekommt. Da der Mops zu Übergewicht neigt und sich viele Halter nicht genug bei Spiel und Sport mit ihrem Tier bewegen und ihn schlimmstenfalls noch mit allerlei Leckereien bei allabendlichen Couchgelagen mästen, gleicht der Hund irgendwann einer dicken Presswurst, der sich nur noch mit Mühe und den daraus resultierenden Keuch-Lauten bewegen kann. Dass der Mops manchmal komische Geräusche von sich gibt, kann jedoch nicht abgestritten werden. Insbesondere dann, wenn er sich mit interessanten Dingen beschäftigt, kann man ihm gut dabei zuhören. Mag sein, dass viele Leute dieses drollige Grunzen als bösartig einschätzen und meinen, der Mops sei aggressiv. Dieses Denken kann ich mir jedoch nur erklären, weil diese Menschen es einfach nicht besser wissen. Es gibt jedoch auch atypische Züchtungen, besonders in England, die eine stetige Verkürzung der Nasen anstreben und die dann selbsterklärend in Atemnot geraten können. Bei solchen Züchtungen kann es zu schweren gesundheitlichen Defiziten kommen, insbesondere dem „Brachycephalen Syndrom". Aus tierschützerischen Überlegungen heraus sind extrem brachycephale Tiere von der Zucht auszuschließen. Auch Du solltest, in Deinem eigenen Interesse und dem des Tieres, von der Wahl eines solchen Hundes absehen.

Fazit:

Der Mops ist ein liebenswürdiger, kontaktfreudiger kleiner Hund, der stets die Nähe zu seinem Menschen sucht. Du solltest Dein Tier daher nicht im Zwinger halten. Bei artgerechter Haltung ist der Mops ein Hund wie jeder andere auch, d.h. angemessene Fütterung, Bewegung und Zuneigung sind Voraussetzungen für ein gesundes Tier. Der Mops ist sehr gelehrig, obwohl ihm sein Dickkopf schon mal in die Quere kommen kann. Da der Mops stets bestrebt ist, seinem Menschen zu gefallen, gleicht diese Eigenschaft vorherige wieder aus. Geduld, Interesse, Zuwendung und Standhaftigkeit sind Eigenschaften, die Dir nicht fremd sein sollten.

Trotz seiner Kurzschnauzigkeit ist der Mops in der Lage gut zu riechen und Ihre Fährte aufzunehmen. Auch seine Instinkte sind voll erhalten. Beim Decken, Werfen und der Welpenpflege ist der Mops zu 100% artgerecht.

Besonders Menschen, die noch nie einen Hund hatten, unterliegen oft dem Irrglauben, irgendwann wenn der Hund erwachsen ist, mit der Erziehung ihres Tieres beginnen zu können. Doch mache diesen Fehler nicht! Denn bis zur 18.Lebenswoche lernt Dein Mops am besten, warte also nicht bis der Hund erwachsen ist. Besonders entscheidend für Welpen ist das richtige Lernklima, das unbedingt frei von Stress und Angst sein sollte. Willst Du Deinem Mops erste Dinge beibringen, schaffe also eine angenehme und entspannte Arbeitsumgebung, denn Schmerzen und Unsicherheit verhindern das Lernen. Ein Mops wäre kein Mops, wenn dieser nicht auch beim Lernen seine Besonderheiten zeigen würde. Du solltest Dich nicht wundern, wenn das Gelernte, besonders wenn das Tier noch sehr jung ist, nur nach dem Lustprinzip wiedergegeben wird. Dies ist für den Mops völlig normal und darf keinesfalls abgestraft werden. Wende niemals Gewalt an oder schreie Deine Befehle. Dein Mops kann um ein Vielfaches besser hören als Du, weshalb Du Dir das „Lauterwerden" besser für die wirklich passenden Gelegenheiten aufhebst. In diesem Kapitel soll es darum gehen, die Rudel-Hierarchie eines Hundes besser zu verstehen um zu vermeiden, dass Dein Hund Dir eines Tages auf der Nase herumtanzt und Du seinen Befehlen gehorchst, obwohl es andersherum sein müsste. Wer Dominanz-Gehabe bereits beim Junghund erkennt und in die richtigen Bahnen leitet, hat später einen angenehmen Hausgenossen, mit dem es sich spürbar besser leben lässt. Du solltest wissen, dass Hunde wahre Meister darin sind, Privilegien zu erschleichen, die eigentlich nur dem Leittier zustehen. Sei also auch immer ein bisschen „auf der Hut", wenn Dein Mops wieder versucht, Dich mit großen Kulleraugen zu hypnotisieren und Ressourcen einzufordern, die einer natürlichen Hund-Mensch-Allianz nicht zuträglich wären. Trotzdem solltest Du immer versuchen, Deinen Hund zu verstehen und „hündisch" zu denken, denn der Mops ist und bleibt ein Hund, während Du ein Mensch bleibst. Was Dein Hund wirklich denkt, können wir immer nur erahnen. Der Mops folgt nun mal seinen eigenen Instinkten und wird Dein Verhalten immer aus seiner Sicht interpretieren. Jedes Mensch-Hund-Rudel muss seinen eigenen Weg finden und so sind die folgenden Tipps lediglich Richtwerte, die Du zusammen mit Deinem Mops ausprobieren kannst. Versuche nicht, Deinen Hund mit pseudodominantem Verhalten zu nerven. Lass uns jetzt so ein intaktes Hunderudel einmal genauer betrachten. Du wirst feststellen, dass es dort ein Leittier gibt, das von allen anderen akzeptiert und respektiert wird und dem sich die anderen Tiere ohne Murren und Knurren unterordnen. Warum aber ordnen sich viele Hunde ihren Menschen nicht gerne und freiwillig unter? Warum haben viele Menschen massive Probleme mit ihren Hunden, sodass diese ihr Tier ins Heim abschieben, anstatt sich näher mit ihm auseinanderzusetzen?

Grundsätzlich gilt in einer funktionierenden Mensch-Hund-Koalition, dass Du als Halter die Führungsposition in Eurem „2er-Rudel" innehast. Um die Führungsposition zu erlangen gibt es genau zwei Möglichkeiten: Dumme Menschen zeigen dem Hund ihre körperliche Überlegenheit und bringen ihn durch Gewaltanwendung unter Kontrolle. Der Hund gehorcht folglich nicht aus Gehorsamkeit, sondern allein aus dem Grund, weil er Angst hat. Da Du als Leser dieses Buches sicherlich schlauer bist, wählst Du die zweite, bessere Variante, Deinem Tier zu verdeutlichen, wer bei Euch „die Hosen anhat". Du bringst Deine geistige Überlegenheit ein und beweist Führungsqualitäten. Dein Mops wird Dir gehorchen weil er es für richtig hält. Ein freiwilliger, freudiger Gehorsam ist das, was wirklich erstrebenswert ist. Doch wie kannst Du es schaffen, dass Dein Hund Dich als Rudelführer akzeptiert? Wie erlangst Du die Führungsposition in einer glücklichen Allianz zwischen Mensch und Hund? Dadurch, dass alle genetischen Anlagen des Wolfes auch im Mops fortbestehen, ist auch das Dominanzverhalten und das Rangordnungsdenken des Hundes genau so vorhanden wie bei seinem Stammvater, dem Wolf.

Alle Hunde besitzen ein mehr oder weniger stark ausgeprägtes Bestreben, Privilegien für sich einzufordern und brauchen Deine Dominanz, um ihren festen Platz in Eurem „Rudel" zu finden und zu akzeptieren. Verhalte Dich ab heute also genau so, wie es ein Leittier in einem „echten" Hunde-Rudel tun würde. Zeige Deinem Hund mit liebevoller Strenge, dass Du diese Position zu Recht verdienst.

Im Folgenden werde ich Dir verraten, wie Du es schaffst, Dich aus Sicht des Mopses als „Alpha-Dog" aufzuwerten. Dazu musst Du wissen, dass ein Hund (auch der Mops), sein Alphatier braucht, um das eigene Überleben zu sichern.

Diese Tatsache liegt ihm bereits in den Genen und in einem Hunde-Rudel wird es immer einen Alpha geben, dem sich die anderen Tiere unterordnen. Habe also kein schlechtes Gewissen, wenn Du konsequent Regeln aufstellst, die Dein Hund zu beachten hat. Denn nur wenn klare Regeln gelten, die vom Hund befolgt werden, kannst Du Dich als Alphatier behaupten. In einem echten Hunde-Rudel müsste sich Dein Mops auch einem einzigen Rudelführer unterordnen, vorausgesetzt, es würde nicht selbst diese Position besetzen. Die Tiere wissen intuitiv, dass dieses natürliche Verhalten ihrem eigenen Schutz dienlich ist. Und so ist es auch gut. In einer Mensch-Hund-Beziehung hat das Leittier (also Du) das Recht zur Individualdistanz. Das bedeutet, dass Du das Recht hast, Dein Tier zu bürsten, die Krallen zu kontrollieren, in die Ohren und ins Maul zu schauen. Und das ständig und überall. Das untergeordnete Tier hat dieses Recht nicht.

Da folglich das „Fordern" nur dem Leittier zusteht, wird das untergeordnete Tier auch nur dann getätschelt und gestreichelt, verwöhnt und liebkost, wenn DU den Zeitpunkt dafür bestimmst. Als konkretes Beispiel könnte es so aussehen, dass Dein Mops zu Dir kommt und gestreichelt werden möchte. Man kennt dieses Szenario nicht nur vom Mops, denn fast alle Hunde haben es gern, von „ihrem" Mensch gestreichelt zu werden. Ignoriere das fordernde Verhalten Deines Hundes, drehe ihm den Rücken zu und schicke ihn zu seinem Platz. Hat das Tier gehorcht, rufst Du ihn kurz darauf. Nun streichelst Du ihn. Auch wenn diese Art und Weise, mit Deinem Hund umzugehen, auf den ersten Blick hartherzig erscheint, so ist dies nur ein erziehungstechnischer Aspekt von vielen, der für ein anständiges Rudelverhalten unerlässlich ist. Keine Angst, Dein Hund wird es Dir nicht übel nehmen. Ganz im Gegenteil, denn er ist froh, dass Du beginnst ihn zu führen. Überhaupt sollte das „Streicheln und Liebkosen" keine Selbstverständlichkeit für Deinen Hund sein, sonst spielt er bald die „Prinzessin auf der Erbse". Lasse ihn Streicheleinheiten immer verdienen und lerne zu vermeiden, gedankenverloren und „grundlos" an Deinem Hund herumzutätscheln.

So wird Dein Mops stets gewillt sein, Dir noch mehr zu gefallen und sein Bestes zu geben. Weise Deinem Hund außerdem einen Platz zu, auf dem er schlafen darf. Beachte, dass Du den Platz aussuchen mußt und nicht der Hund. So nimmst Du ihm das Privileg, Entscheidungen selbst zu treffen. Auch wenn ich weiß, dass viele Mops-Halter genau das Gegenteil tun, solltest Du vermeiden, den Mops „auf den Chefsessel" zu lassen. Also nicht ins Bett, auf die Couch, den Sessel etc. Diese Plätze stehen nur dem Leittier zu. Vermeide es auch, das Plätzchen des Mops in den Eingangsbereich des Raumes zu legen. Dies würde ja bedeuten, dass Du ständig über ihn drüber steigen müsstest, um durch die Tür zu gehen. Dies wiederum macht ein ordentliches Leittier nicht. Du forderst Dein Wegerecht stets ein, gehe niemals um Deinen Mops herum oder steige über ihn hinweg, weil er gerade eben so schön liegt. Der Mops muss den Weg „frei machen", damit Du als Leittier ungehindert und kompromisslos Deinen Weg gehen kannst. Schließlich „sichert" ein respektables Leittier zum Schutz des Rudels den Weg, nicht das untergeordnete Tier. Würde Dein Mops sein Körbchen nun direkt im Tür-Bereich haben, müsstest Du ihn ständig zum „Wohle des Rudels" aus dem Weg treiben. Dies gilt auch zukünftig seinem eigenen Schutz, denn wenn irgendwann aus Unachtsamkeit Tür und Tor offen stehen, sollte Dein Mops nicht ausbüchsen sondern warten, bis der „Alpha-Dog“ den Weg gesichert hat. Wenn Dir Dein Mops also jemals den Weg versperrt, begreife, dass dies Teil seines Imponiergehabes ist. Weise ihn sogleich aus dem Weg! DU gehst stets zuerst durch eine Tür oder im Wald beim Spazierengehen durch eine enge Stelle. Zeige ihm, dass Du den Weg absichern möchtest und Dein Mops sich nicht zu sorgen braucht. Du und Dein Mops bilden einen Sozialverband, in dem es eine für den Hund erkennbare stabile Gruppenhierarchie geben muß.

Wenn Dein Mops also seinen festen Platz in Deinem Haus hat, setze Dich auch ruhig ab und zu in sein Körbchen. Der Hund muß unverzüglich die Stelle räumen. So signalisierst Du, dass Du Dir aussuchen kannst wo Du Platz nimmst, das Tier jedoch immer auf Deine Anweisung reagieren muß. Auch bei der Fütterung solltest Du bedacht agieren. Achte darauf, dass Du Deinen Hund nicht überfütterst, sondern gebe ihm dafür mehr aus der Hand über den Tag verteilt nach guter Kooperation. Das fördert Eure Bindung und Leckerchen zwischendurch gibt es nur als Belohnung für gehorsames Verhalten. Es ist ratsam, immer ein Tütchen mit Hundeleckerlies in der Tasche zu haben. Belohne aber immer sofort und augenblicklich, gibst Du erst Minuten später die Belohnung, wird Dein Mops vergessen haben, warum Du ihn lobst.

Die optimale Leinenführung

Wenn Du mit Möpschen spazieren gehst, bestimmst Du Zeit und Tempo des Auslaufs, denn auch hier zeigst Du dem Hund, wer hier Rangoberste(r) ist. Lasse Deinem Hund aber auf jeden Fall seine Bewegungsfreiheit. Das Tier muß auch mal toben und „durchdrehen“ können. Besonders an der Leine aber sind viele Hunde eine echte Herausforderung für ihre Halter. Da wird gezogen und gezerrt, so ein Ausflug wird dann schnell zum Kraftakt. So kennst Du sicherlich das Bild des „Hundeführers“, der seinem Hund mit angestrengter Mine folgt,

Der Welpe sollte von Anfang an seinen festen Platz zugewiesen bekommen: Das Hundekörbchen.

während der Hund am Band zieht, als wäre der Leibhaftige hinter ihm her. Die eigene Energie wendet der Hund in diesen Momenten dafür auf, sein ganzes Gewicht nach vorn zu verlegen um ein paar Zentimeter mehr zu bekommen, denn er will Dinge erschnüffeln, Geräusche auskundschaften und Entdeckungen machen. Dieses Problem ergibt sich auch oftmals dadurch, dass die Leine viel zu kurz ist. Der Hund, falls er denn ein bekennender Leinenzieher ist, muss also lernen um zu wissen: *„Wenn ich an der Leine ziehe, geht es keinen Zentimeter mehr voran.“*

Wie schaffst Du es also, dass Du mit Deinem Mops spazieren gehen kannst, ohne dass er ständig zieht und zerrt und dass Du die Leine zukünftig nur noch mit 2 Fingern halten kannst? Die wichtigste Regel hier: Konsequenz. Besorge Dir ein anständiges Brustgeschirr für den Mops, das Du dann mit der Leine verbindest. Dies schafft ein völlig neues Körpergefühl für den Hund. Falls Du einen Mops hast, der stets und ständig zerrt, kannst Du es mit einem Trick schaffen, ihm diesen Teufel auszutreiben. Hierzu machst Du Dir seine Gefräßigkeit zu Nutze. Stelle einen Napf mit Futter auf einen Abstand von ca 20 Meter. Der Mops am Brustgeschirr und der Leine wird nun versuchen, zu ziehen und zu zerren, das sich die Leine nur so spannt. Er wird sein ganzes Gewicht nun in die Leine legen um zu diesem Futternapf zu gelangen. Nun wird’s gemein. Denn in dem Moment, in dem der Mops beginnt zu ziehen, bleibst Du stehen und gehst zurück zur Startposition. Diesen Vorgang wiederholst Du so oft, bis der Mops es leid ist und begriffen hat, dass es nur mit Entspanntheit vorwärts geht. Du musst dabei unbedingt konsequent bleiben und immer wieder auf die Startposition zurück, sobald das Tier beginnt zu ziehen. Auch das Brustgeschirr spielt hier eine entscheidende Rolle! Auch ohne Futternapf gilt zukünftig: Beginnt der Mops zu ziehen, stehen bleiben! Schon bald wird der Mops sich selbst korrigieren, wenn er merkt, dass er beginnt zu ziehen. Das nenne ich eine optimale Leinenführung! Benutze keinesfalls Stachelhalsbänder o.ä. Geschirr, dass dem Tier Schmerzen bereiten könnte.

Seid ihr endlich im Park, Wald oder auf der Wiese angekommen, verlange vom Möpschen nach dem Ableinen erst ein braves „Sitz“ bevor Du ihm den „Abflug“ gestattest.

Ignoriere überschwengliche Liebesbeweise Deines Hundes. Du musst entscheiden, wann der richtige Zeitpunkt dafür ist. Das bedeutet nicht, dass Du den Hund mit Nichtachtung strafen sollst, sondern lediglich den Zeitpunkt der Zuwendung regelst.

Am Morgen sollte es der Mops sein, der den Rudelführer begrüßt, nicht umgekehrt. Der Rudelführer lädt zur Liebkosung ein, gestattet dem eingeordneten Hund aber nicht, sich von sich aus zu nähern. Sei nicht jederzeit frei für Deinen Hund verfügbar, aber verwechsle Deine hohe Rangposition innerhalb Eures Zweiergespanns niemals mit Nachlässigkeit gegenüber Deinem Tier! Vergiss nicht, Deinem kleinen Gefährten regelmäßig „auf die Pelle" zu rücken. Kontrolliere Pfoten, Ohren, Augen, Zähne und Hinterteil auf Gesundheit und lasse nicht nach, wenn er sich auch wehren möchte. Bürste Deinen Hund regelmäßig ab, er muß es sich gefallen lassen. Diese regelmäßigen Maßnahmen festigen Deinen Status aus Sicht des Mops und zugleich tust Du Deinem Tier auch etwas Gutes. Achte aber beim Abbürsten darauf, dass Du etwaige Fellverfilzungen nicht zu grob entfernst. Dein Mops könnte das Bürsten später sonst mit Schmerzen assoziieren, also beginne stets an den unempfindlicheren Stellen. Auch hat es sich bewährt, den Hund des öfteren „Platz" machen zu lassen. Aber er muß liegen bleiben. Tut er dies nicht, drücke ihn sanft zu Boden und kraule ihn dabei. Grundsätzlich mußt Du wissen, dass eine Erziehung des Mops ein mehr oder weniger schwieriges Unterfangen werden kann, da der Mops einen kleinen Dickschädel hat. Diese Eigenschaft macht er aber dadurch wieder wett, dass er das stete Bestreben hat, Dir gefallen zu wollen. Sei also ruhig ein bisschen ehrgeizig und geduldsam bei der Erziehung Deines Hundes. Besonders die Welpen sind unheimlich neugierig, wild und wollen etwas lernen. Im Hunderudel beginnt ein erwachsenes Tier bereits mit dem Welpen das Üben konsequenter Regeln. Es legt beispielsweise einen Knochen vor den Welpen. Sobald dieser sich selbigem nähern will, wird er mit gefährlichem Geknurre verjagt. Da der Junghund unheilbar neugierig ist, wird es nicht bei diesem einen Versuch bleiben. Diese Beharrlichkeit von Seiten des erwachsenen Tieres lehrt den Welpen, das Konsequenz gelten muß. Auch Du musst in der Lage sein, absolute Regeln aufzustellen, die Dein Hund befolgen muß.

Besonders als Welpe neigt der Mops zum Schielen. Dies legt sich aber mit zunehmendem Alter.

Denn Welpen sind exakte und aufmerksame Beobachter, sie erkennen Ranghierarchien in Familien sehr schnell. Sie lernen aus ihren praktischen Erfahrungen. Bedenke immer, dass kein Welpe dem anderen gleicht. Jedes Tier hat seinen eigenen Charakter, seine eigene Intelligenz und wird ein individuelles Verhalten an den Tag legen.

Mach auch nur nicht den Fehler, vom Tisch zu füttern oder Dich auf Augenhöhe des Mops zu begeben, sondern demonstriere Dominanz, indem Du stets höher sitzen solltest als das Tier. Wenn der Hund zu Dir aufblicken muss, untermauerst Du erneut Deine Position als fähiger Rudelführer. Viele Mops-Halter verwöhnen ihr Jungtier sobald es in der Familie ist nach allen Regeln der Kunst. Kein Wunder, so süß wie der Kleine ist. Doch das ständige Verhätscheln kann sich später zum Problem entwickeln.

Nämlich dann, wenn das Tier in die Geschlechtsreife tritt und seine Rangordnung festigen will. Dann hört der Rabauke nur noch wann er will. Kein Wunder, hat man bis dahin ja auch nicht die allerbesten Führungsqualitäten bewiesen, sondern dem Mops bereits im Welpenalter mehr Privilegien und Ressourcen zugeteilt, als es klug gewesen wäre und ihm so signalisiert: Du bist das Leittier.

Fazit:

Du kannst Deinem Mops ruhig einzelne Privilegien einräumen, sogar die Couch muss nicht tabu sein. Aber teste sicherheitshalber immer wieder die Rangverhältnisse in Eurer persönlichen Mensch-Hund-Koalition, indem Du versuchst, dem Mops ab und zu diese Privilegien zu entziehen. Akzeptiert er das anstandslos, ist alles in bester Ordnung. Für viele Hunde hat ihre Stellung in der Familie keine größere Bedeutung. Besonders der Mops will einfach nur dabei sein und geht deshalb den Weg des geringsten Widerstandes. Viele Hunde brauchen überhaupt keine ausdrückliche Einordnung. Wenn bei Euch also alles in Ordnung ist, versuche nicht, zum unerbittlichen „Drill-Instructor" zu werden. Einzelne Dominanzgesten bedeuten noch keine Meuterei. Problematisch wird es erst, wenn der Mops häufiger als Forderer auftritt und auch versucht, sich durchzusetzen.

Merke: Du hast das Sagen!

Der Mops ist ein wirklich drolliger Zeitgenosse. Durch sein koboldhaftes Aussehen und seine lustige Art ist der Mops der perfekte Komödiant. Da er äußerst anhänglich und liebesbedürftig ist, kann es Herrchen durchaus schwer fallen, die Regeln des Alphatieres konsequent auszuüben. Der Mops ist charmant und weiß genau, wie man seinen Menschen um den Finger wickeln kann. Der Mops ist wahrlich intelligent, nicht umsonst heisst es im Englischen Standard: „Sehr viel Charme, Würde und außergewöhnliche Klugheit." Eine Auszeichnung für unseren Mops! „Temperament: Gleichmäßig, lustig und lebhaft im Wesen." Trotz oder gerade wegen seiner Klugheit, kann sich die Mops-Erziehung, wie bereits erwähnt, als schwieriger erweisen als bei anderen Rassen. Dies liegt daran, dass der Mops zuerst abwägt, was für ihn dabei herausspringt, wenn er Befehle ausführen soll. Schwächen seines Menschen kann der kleine Frechdachs sofort erkennen und schamlos ausnutzen. Die wichtigste Komponente bei der Mops-Erziehung ist ein gut funktionierendes Verhältnis Hund/Mensch. Härte ist Gift für die kleine Mops-Seele, Lob und Motivationen dagegen können beim Mops wahre Wunder bewirken. Denoch wird der Mops seinem Menschen stets unmissverständlich zeigen, wonach ihm gerade der Sinn steht.

Grundsätzlich jedoch lernt ein Mops sehr schnell, ich würde sogar so weit gehen zu behaupten, dass er gegenüber anderen Hunderassen klar im geistigen Vorteil ist. Das alte Klischee „dumm, dick und gefräßig" passt nun wirklich nicht auf den Mops. Du solltest bei Erziehungsversuchen aller Art wissen, dass der Mops auf „stur" stellt, wenn er keinen Sinn in einer Übung sieht oder keine Lust darauf hat. Diese rassetypische Eigenschaft solltest Du akzeptieren, Strafe oder gar Gewalt sind völlig unangebracht. Ich hoffe dass Du es schaffst, mit den noch folgenden Hundetricks sein Interesse zu wecken um zu entdecken, welch unglaubliches Potenzial tatsächlich in Deinem kleinen Freund steckt. Der Mops hat einen ganz eigenen Humor, dem er auch durch seine spezielle Mimik Ausdruck zu verleihen weiß.

Du solltest ebenfalls eine Menge Spaß mögen, wenn Du Dir einen Mops anschaffst, denn für Spaßbremsen ist dieser Hund gänzlich ungeeignet.

Was Du wissen solltest, bevor der Mops in Dein Leben tritt

Nicht selten landen Tiere, die „Hals über Kopf“ angeschafft wurden, im Tierheim. Falls Du also diese Zeilen liest, weil Du plötzlich die „fixe Idee“ hattest, einen Hund haben zu wollen, lasse Dir besser noch etwas Zeit mit der Anschaffung. Hast Du alle „Für und Wider“ durchdacht und abgewogen und sollte sich der Gedanke einen Mops besitzen zu wollen auch nach mehreren Wochen noch nicht aus Deinem Kopf verflüchtigt haben, ist es wirklich sinnvoll, die Anschaffung zu planen. Um Dir ein wenig Hilfestellung bei Deiner Entscheidung zu geben, habe ich Dir einige Aspekte zusammengestellt, die Du beachten solltest.

Durchschnittlich hat der Mops eine Lebenserwartung von 12-15 Jahren. Bedenke also, ob Du wirklich bereit bist, viele Jahre Deines Lebens mit einem Tier und all seiner Eigenschaften und Eigenarten teilen zu können. Keinesfalls solltest Du ein Tier anschaffen, nur um Deinen Kindern damit „einen Gefallen“ zu tun. Grundsätzlich ist es zwar löblich, wenn Kinder sich für Tiere interessieren. Aber wahrscheinlich wird die Arbeit, die nunmal bei der Haltung eines Tieres anfällt, an Dir hängen bleiben. Kinder verlieren doch relativ schnell das Interesse oder stehen irgendwann auf eigenen Beinen. Zurück bleibt ein Hund, den niemand haben will. Du selbst solltest also auch immer 100%ig hinter einer Hunde-Anschaffung stehen.

Auch die Kosten für Grundausstattung, Futter, Versicherungen, Entwurmung, Impfung und den Erwerb des Tieres sind, auch über den langen Zeitraum betrachtet, nicht unerheblich. Auch wenn Dein Mops mal krank wird, will der Tierarzt bezahlt werden. Beantworte Dir also in Deinem eigenen Interesse ganz ehrlich die Frage, ob Du für die Mops-Haltung liquide genug bist. Und wie sieht es aus mit den räumlichen Verhältnissen? Wärst Du gezwungen, den Hund in einem außenliegenden Zwinger zu halten? Besonders der Mops braucht Menschennähe und es würde ihm wahrscheinlich das kleine Mops-Herz brechen, wenn er sein stetes Dasein in einem Zwinger fristen müsste. Stelle also Erkundungen an, ob Dein Vermieter die Haltung eines Hundes überhaupt duldet. Keine Angst: Selbst die kleinste Wohnung ist für den Mops noch groß genug, solang er nur bei seinem Menschen sein kann. Und bei täglichen Spaziergängen kann der Mops seine Agilität voll ausleben.

Und was ist, wenn Du in den Urlaub fährst? Bist Du bereit, Kompromisse einzugehen und vielleicht den tollen Club-Urlaub gegen einen anderes Urlaubsziel einzutauschen, wo die Akzeptanz des Hundes gegeben ist? Oder hättest Du alternativ jemanden, der in dieser Zeit auf Deinen Hund aufpasst? Bist Du bereit, womöglich teures Geld für einen Hundesitter auszugeben? Diese Fragen sollten legitim sein wenn man bedenkt, dass es sogar „Menschen" gibt, die ihren Hund auf dem Weg in den Urlaub an der nächsten Autobahnraststätte aussetzen.

Wie sieht Deine berufliche Situation aus? Bist Du gezwungen, Deinen Hund täglich viele Stunden allein in der Wohnung zu lassen, solltest Du Dir vielleicht eher eine Katze anschaffen, die auch mal Zeit allein verbringen kann. Für den Hund wäre dies eine absolute Zumutung, und auch Du hättest schnell die Lust verloren, spätestens dann, wenn der Hund aus Langeweile und Frust beginnt, Deine Einrichtung zu zerlegen. Kläre also mit Deinem Arbeitgeber ab, ob Möglichkeit bestünde, den Mops mit ins Büro zu nehmen. Anders gestaltet sich natürlich die Situation, wenn ein Haus mit Grundstück vorhanden ist, auf dem der Mops tagsüber wachen kann. Hier hätte er die Gelegenheit, herumzulaufen und sich zu beschäftigen. Achte jedoch darauf, dass Dein Zaun völlig intakt ist, denn schnell büxt der Kleine auch mal aus und stellt auf dem nachbarschaftlichen Grundstück allerlei Unsinn an. Sind die Gegebenheiten passend, mußt Du auch bedenken, dass Du jeden Tag für ausgiebige Spaziergänge sorgen solltest.

Vor der Anschaffung sollte man wissen, dass besonders der Mops viel Zeit und Zuwendung seines Menschen benötigt.

Täglich 3 Minuten raus, damit der Mops sein Geschäft am nächsten Baum verrichten kann, wäre für das Tier unbefriedigend, auch weil man bedenken muß, dass das Möpschen auf seine sportliche Linie achten muß. Wer will schon einen Mops, der vor lauter Fettleibigkeit keinen

Gang mehr schafft?
Auch bei Schnee, Eis und Regen will der Mops hinaus, auch wenn es manchmal nicht den Eindruck macht. Aber ist er erst einmal draußen, ist ihm keine Pfütze tief genug, kein Schnee zu kalt und kein Sturm kann ihn erschüttern. Seid ihr zusammen, will der Mops mit Dir Abenteuer bestehen und neue Ziele auskundschaften. Und auch wenn man sich täglich überwinden muß, bei jedem Wetter vor die Tür zu gehen, wirst Du spüren, wie gut es Euch beiden tut, sich an der frischen Luft zu bewegen. Auch das Schnarchen des Mops sollte Dir kein Gräuel sein, und man muß die speziellen Eigenschaften und Geräusche, die der Mops aus Standardzucht nun mal innehat, einfach mögen. Auch das Kuscheln darf nicht zu kurz kommen, denn der Mops ist sehr liebesbedürftig!

Welpe oder erwachsener Hund?

Grundsätzlich rate ich „Hunde-Anfängern" eher zu einem Welpen aus gesunder Zucht als zu einem ausgewachsenen „Findel-Hund", der Erstlings-Haltern im alltäglichen Zusammensein durchaus vor unlösbare Probleme stellen kann. So kann ein ausgewachsener Hund womöglich gestörte Verhaltensweisen an den Tag legen, die von Negativ-Erlebnissen aus vorheriger Haltung herrühren, die bei der ersten Begutachtung noch nicht auffällig waren.

Wenn Du mutig genug bist, einen Mops aus dem Tierheim in Dein Leben zu lassen, solltest Du Dir im Klaren darüber sein, dass Du dem Tier einen unverzeihlichen Schaden zufügen wirst, solltest Du Dir im Nachhinein darüber bewusst werden, dass Du mit unvorhersehbaren Verhaltensdefiziten überfordert bist und der Hund erneut „die Zeche zahlt", indem er zurück ins Heim gebracht würde. Trotz allen Widersprüchen habe ich höchsten Respekt vor Menschen, die sich einem verwaisten Tier annehmen und, komme was da wolle, nicht davon ablassen, dem Tier ein liebevolles Zuhause schenken zu wollen. Bist Du entschlossen, einen Hund aus dem Tierheim zu adoptieren, solltet Ihr Euch die Chance nicht nehmen lassen, durch vorausgehende Besuche erst einmal zu beschnuppern und kennenzulernen. Kommt eine Verbindung zustande, solltest Du trotzdem versuchen, die Vorgeschichte des Tieres in Erfahrung zu bringen. Dies lässt möglicherweise Rückschlüsse auf Eventualitäten zu, die Dich im späteren Zusammenleben erwarten könnten. Kurz: Bei einem Hund aus dem Tierheim solltest Du auf alles gefasst sein, aber es ist natürlich nicht die Regel, dass ein Hund aus dem Tierheim auch immer

verhaltensauffällig sein muß.
Aber auch beim Welpen aus der Zucht ist nicht alles einfach. Während davon ausgegangen werden kann, dass ein erwachsener Hund bereits über eine reife Hundepersönlichkeit verfügt, die Grundkommandos wie „Sitz", „Platz", „Bleib" beherrscht und bestenfalls auch stubenrein ist, muß der „Rohdiamant" Welpe erst von Dir geschliffen werden. Dies erfordert eine Menge Nerven, Geduld, Zeit und Anstrengungen, denn das kleine Möpschen benötigt besonders zu Beginn sehr viel Zuwendung, auch nachts! Dies zeigt sich insbesondere bei den ersten Versuchen, das Tier stubenrein „zu machen". Und während ein älteres Tier bereits mit Halsband, Leine und Geschirr vertraut sein kann, muss sich der kleine Fratz erst noch an die neuen Umstände gewöhnen. Denn auch das „an der Leine gehen" muß der Welpe erst kennenlernen. Das erstmalige Alleinbleiben will ebenfalls geübt sein, während ein ausgewachsener Hund vielleicht schon auf Herrchen oder Frauchen „wartet", ohne dabei ein unerwartetes Chaos „in den Gemächern" anzurichten.

Fazit:
Anfänger sollten lieber auf einen Welpen aus gesunder Zucht zugreifen.
Ein erwachsener Hund aus dem Heim sollte lieber erfahrenen Hundeprofis vorbehalten sein.

Welpe?...

...oder erwachsener Hund? Wäge Deine Entscheidung gut ab!

Vermeide schwerwiegende Fehler bei der Anschaffung

Wenn Du absolut neu in der „Mops-Szene“ bist, gilt es ganz besonders, Risiken und schwerwiegende Fehler bei der Anschaffung zu vermeiden. Anhand einiger Richtlinien die ich Dir im Folgenden näher erläutern will, kannst Du auch als Neuling erkennen, ob Du beim „richtigen“ Züchter bist, oder ob Du lieber Vorsicht walten lassen solltest. Denn es gibt Züchter, deren Methoden durchaus fragwürdig sind, denn der Handel mit Rassewelpen boomt: Die Tiere werden billig im Internet, in Zoohandlungen und auf öffentlichen Plätzen offeriert. In Osteuropa unter katastrophalen Bedingungen produziert, werden die Hundebabys viel zu früh von ihren geschundenen Müttern getrennt und meist krank, mit gefälschten Impfpässen quer durch Europa transportiert. Ihre neuen Besitzer sind meist mit hohen Tierarztkosten und oft mit dem frühen Tod der Welpen konfrontiert. Diese „Züchter“ sind eine wahre Schande für die Zunft und haben jede Moral und Wertschätzung der Schöpfung gegen schnellen Profit getauscht. Erbkrankheiten, Inzucht und Verletzung aller geltenden Zuchtregeln sind an der Tagesordnung. Doch allein der Preis für einen Welpen ist nur wenig aussagekräftig, was die Qualität der Zucht betrifft. Denn „Teuer“ bedeutet nicht immer „Gut“ und auch regelmäßige Inserenten in Fachzeitschriften und Tageszeitungen sind nicht immer auch Qualitätsgaranten. Trotzdem solltest Du niemals einen Mops aus Mitleid kaufen und Dich nicht auf „Schnäppchen“ einlassen. Denn auch hier gilt: „Wer spart, zahlt mehr.“ Ein Welpe aus guter Zucht kostet immer relativ viel Geld, denn der Züchter hat mit der veterinärmedizinischen Betreuung und der Aufzucht über 11 Wochen nicht unerhebliche Kosten, die bei Verkauf gedeckt werden müssen, um den Fortbestand einer Qualitätszucht gewährleisten zu können. Der durchschnittliche Preis eines Mops-Welpen liegt derzeit zwischen 1200,- und 1400,- €.

Da der Mops kein Hund ist, der „wie am Fließband“ produziert werden kann, ist eine individuelle Aufzucht in menschlicher Gesellschaft bei seriösen Züchtern zu erwarten. Die Alarmglocken sollten läuten, wenn in einer Zucht ganz offensichtlich viel zu viele Mops-Welpen verschiedener Würfe gleichzeitig aufgezogen werden, die auch noch in Käfigen oder isolierten Hinterzimmern gehalten werden. Viele Entwicklungsphasen die für den Mops wichtig sind, kommen hier zu kurz. Auch die Wegzucht des Fanges beim Mops erfährt immer mehr Gegenwind, da dies zu schwerwiegenden gesundheitlichen Problemen des

Tieres führen kann. Seit einigen Jahren findet diesbezüglich eine hitzige Debatte statt, die dem Mops sein ursprüngliches Aussehen zurückgeben will.

So erkennst Du seriöse Züchter

Ein seriöser Züchter wird seinen Hündinnen nicht mehr als einen Wurf pro Kalenderjahr zumuten und alle Hunde seines Zuchtbestandes leben mit ihm in einer Art „Familienverband" und nicht in isolierten Zwingern, Käfigen oder Hinterzimmern. Der erste Eindruck zählt – das gilt auch für eine Zuchtanlage. Das Areal sowie die Umgebung sollten einen sauberen und gepflegten Eindruck hinterlassen. Zu erwähnen wäre außerdem, daß ein guter Züchter auch alte Tiere zeigen kann, auf die er mit Stolz verweisen wird. Er wird nicht versuchen, Dir einen Hund „anzudrehen". Stattdessen wird er bereit sein, den Mops zurückzunehmen, wenn er aus triftigem Grund nicht länger bei Dir bleiben kann. Zudem wird er auf eine sogenannte Ahnentafel des Welpen verweisen können, der bei Abgabe (nicht vor der 11.Woche!) geimpft und entwurmt wurde. Ein gutes Zeichen ist es auch, wenn Dir der Züchter Deiner Wahl viele Fragen stellt und Interesse an Deiner Person bekundet. Denn schließlich will er seinen Schützling in guter Hand wissen und auch Wert darauf legen, mit Dir in Kontakt zu bleiben um die gute Entwicklung des Tieres zu verfolgen. Bei Kauf bestehe auf Kaufvertrag, Ahnentafel und Impfpass. Ein Ahnenpass ist dabei ein besonders wichtiges Dokument, insbesondere für Dich als Käufer eines Welpen. Hier sind seine Ahnen "schwarz auf weiß", nachgewiesen. Inzucht und die damit verbundenen Krankheiten können weitestgehend ausgeschlossen werden. Sollte sich ein Züchter nicht daran halten, kann es für selbigen schwerwiegende Folgen haben. Unseriöse Hundehändler versuchen, über Züchter vermutlich kranke Welpen ohne Papiere und zu einem Spottpreis zu verkaufen. Der Züchter hätte nun die Möglichkeit, diese billig erworbenen "minderwertigen" Welpen als teure eigene Welpen an ahnungslose Kunden zu verkaufen. Mit dem Ahnenpass sind solche Geschäfte auf keinen Fall möglich. Hier wacht der jeweilige Verein darüber, dass der Züchter für so erworbene Fremdwelpen keine Ahnenpässe erhält. Selbstverständlich muss man fairerweise erwähnen, dass die meisten Züchter, die ohne Papiere züchten, sich niemals auf solch ein Angebot einlassen würden.

Hier findest Du seriöse Züchter

Adressen für die gelungene Anschaffung

VDH

Der Verband für das Deutsche Hundewesen (VDH) ist der größte Dachverband für Hundezucht und Hundesport in Deutschland. Die Mitgliedsvereine des VDH sind berechtigt, Ahnentafeln mit dem Logo des VDH und der FCI auszustellen. Alle dem VDH angeschlossenen Züchter findest Du auf der Webseite
www.vdh.de

MPRV

Parallel etabliert sich momentan auch ein neuer Verband, der MPRV, der es sich auf die Fahne geschrieben hat, dem Mops mögliche schwerwiegende Erkrankungen, ausgelöst durch die sogenannte *Brachycephalie (Rundköpfigkeit)* durch eine Neuzucht zu ersparen. Du kannst über den MPRV süße Welpen beziehen, die sich besonders durch den wieder deutlich erkennbaren Fang auszeichnen. Die Tiere schnarchen deutlich weniger, sind vitaler und leiden nicht unter Atemnot. Dies bedeutet aber nicht zwangsläufig, dass jeder Mops des derzeitigen durch den FCI vorgegebenen Standards auch am Brachycephalie-Syndrom erkranken muß und automatisch weniger vital ist. Trotzdem muß erwähnt werden, dass der derzeit vorgegebene Rassestandard für den Mops selbst gewisse Risiken birgt. Denn wenn ein Tier an besagtem Syndrom erkrankt, hat es dies einzig seiner Rundköpfigkeit zu „verdanken". Die Symptome können äußerst qualvoll sein und werden später noch genauer beschrieben.
Mehr Informationen zu den Tieren und zum Verein selbst findest Du auf der Webseite *www.mprv.de*

ZKR Retromopshündin

Standard-Mops

Vorsicht wenn

- Welpen über ein Drittel unter dem des „üblichen Marktpreises" angeboten werden
- der Welpe günstiger angeboten wird, wenn Du auf Papiere verzichtest
- der Verkäufer den Hund nicht selbst gezüchtet hat und/oder Du die Mutterhündin nicht besichtigen kannst
- der Verkauf auf einem Parkplatz oder irgendeinem anderen verdächtigen Ort abgewickelt werden soll
- der Mops-Welpe bei Übergabe unter 8 Wochen alt ist
- die Tiere samt Mutter ausschließlich im Käfig oder Zwinger gehalten werden
- die Welpen keinen erkennbaren Fang (Schnauze) mehr haben und zu vermuten ist, dass eine Qualzucht stattfindet
- der Welpe abgemagert ist, Durchfall hat oder die Tiere einen ungepflegten Eindruck machen
- der Welpe extrem ängstlich und schwach erscheint
- Du Seiten im Internet findest, auf der Du Welpen per Mausklick in den Warenkorb legen kannst oder die Seite in einem verdächtigen Deutsch verfasst wurde
- der Züchter sich in Ausreden flüchtet, wenn Du um die nötigen Papiere bittest

Bei Kauf des Welpen verlange diese Papiere:

1. **Impfpass**
2. **Gesundheitszeugnis**
3. **Ahnenpass**
4. **Kaufvertrag mit den Punkten:**

- *Name und die Anschrift von Verkäufer und Käufer*
- *Name, Wurfdatum, Zuchtbuchnummer, Chipnummer des Welpen*
- *Gesundheitszustand des Welpen und eventuelle Mängel*
- *Kaufpreis und Zahlungsart*
- *Übergabetermin des Welpen*

Welche Papiere Du beim Kauf benötigst und warum diese so wichtig sind

Viele Menschen die sich noch nicht so gut mit Hunden auskennen, begehen oft den Fehler, bei Kauf auf einen ordentlichen Abstammungsnachweis mittels Ahnentafel zu verzichten. Sie meinen, darauf verzichten zu können und so vielleicht einige Euros zu sparen-, weil sie mit ihrem Hund weder auf Wettbewerbe gehen, noch züchten möchten.

Dieses Fehlverhalten jedoch bietet skrupellosen Hundevermehrern und Händlern, deren Welpen aus zweifelhafter Quelle stammen Gelegenheit, ihre miesen Machenschaften ungehindert auszuüben. Deshalb solltest Du, auch im Sinne des Tierschutzes, Wert auf eine ordentliche Ahnentafel legen, die Dir bestätigt, dass Dein Mops aus einer kontrollierten Zucht stammt.

Ahnentafel, Papiere, Stammbaum oder *Pedigree* - alle diese Begriffe werden zum Abstammungsnachweis des Rassehundes verwendet.

Dieser Abstammungsnachweis zeigt den lückenlosen Nachweis über die Ahnen Deines Mops-Welpen.

In anerkannten Rassehundezuchtvereinen werden Zuchtbücher geführt, worin alle geborenen Welpen der Mitglieder samt Zwingernamen eingetragen werden - damit sind nicht nur die Elterntiere Deines Hundes registriert, sondern auch die Reinrassigkeit der Welpen ist nachprüfbar.

Eine Ahnentafel ist der Auszug aus solch einem Zuchtbuch des anerkannten Rassehundezuchtvereines. Der Zuchtverein gibt dem Züchter Vorgaben zur Einhaltung der Zuchtbestimmungen, die dieser zu erfüllen hat, damit sein Welpe diese Ahnentafel überhaupt erhält. Voraussetzung jedoch ist, dass der Züchter Mitglied im Zuchtverein ist.

Jede Ahnentafel ist im Sinne des deutschen Gesetzes „echt“, sofern selbige von einem Rassehundzuchtverein ausgefertig wurde. Unbedeutend ob diese von einem Rassehundverein im VDH ausgestellt wurde oder einem anderen Verein. Woher weißt Du also, ob die jeweiligen Papiere, die wahrheitsgemäße Angaben enthalten und die weltweit anerkannt sein sollen, auch wirklich echt sind? Jeder Hundezüchter und Rassezuchtverein kann in Deutschland solche Ahnentafeln nämlich auch selbst ausstellen, was Verwirrung stiftet. Deshalb ist es auch immer wichtig, dass Du nach den bereits erwähnten Kriterien auswählst. Ein wenig Intuition wird Dir dabei nicht schaden. Denn auch andere Verbände wie der MPRV, der sich gegen die Zuchtregeln für Möpse des VDH ausspricht, bietet Dir ganz hervorragende, gesunde Welpen an!

Schlussendlich ist es allem voran die Züchterethik, die eine verantwortungsvolle Zucht ausmacht.
Doch auch hier scheiden sich die Geister, denn was die Züchtung insbesondere beim Mops betrifft, hat sich das Lager inzwischen gespalten, wie Du im folgenden Kapitel lesen kannst.

Der Retro-Mops: Brachycephalie ade

§ 11 b des Tierschutzgesetzes: *„Es ist verboten, Wirbeltiere zu züchten, wenn der Züchter damit rechnen muß, dass bei der Nachzucht aufgrund vererbter Merkmale Körperteile oder Organe für den artgemäßen Gebrauch fehlen oder untauglich oder umgestaltet sind und hierdurch Schmerzen, Leiden oder Schäden auftreten."*
Dieses Kapitel könnte für jeden Mops-Liebhaber ein Umdenken auslösen, das nach Ansicht einiger, bislang leider noch wenigen Züchter, längst überfällig ist. Insbesondere die sogenannte *Brachycephalie* bei der Mops-Zucht löst unter einigen Züchtern bisweilen heftige Kontroversen aus, die in einem vernünftigen Mops-Buch nicht unerwähnt bleiben dürfen.

Doch was genau bedeutet dieses Wort, das man sich kaum merken, geschweige denn aussprechen kann? *Brachycephalie* bedeutet *Kurzköpfigkeit* bzw. *Rundköpfigkeit*. Es handelt sich dabei um eine angeborene, erbliche Deformation des Schädels, die zu verschiedenen gesundheitlichen Problemen führt. Doch genau diese „Deformation" ist das besondere Merkmal des heutigen Standardmopses, die Rundköpfigkeit, die so viele Mops-Liebhaber schätzen und einige Züchter ins Extreme treiben. Denn Brachycephalie kann zu Problemen der oberen Atemwege führen, die zusammenfassend als *Brachycephalie-Syndrom* bezeichnet wird. Dieses Syndrom ist durch eine starke Behinderung der Atmung und eine gestörte Thermoregulation gekennzeichnet. Auslöser der Verengung der oberen Luftwege ist vor allem eine Hemmung des Längenwachstums des Gesichtsschädels, die erwähnte Rundköpfigkeit.

„Typisches Symptom des brachycephalen Syndroms ist eine geräuschvolle, in der Regel inspiratorisch betonte Atmung in Verbindung mit Zeichen von Atemnot. Bei der klinischen Untersuchung können als charakteristische Befunde verengte Nasenlöcher und Nasenhöhlen, ein verlängertes und verdicktes Gaumensegel, verkürzter Rachenraum sowie Veränderungen am Kehlkopf

festgestellt werden. Darüber hinaus können die Rachenmandeln in den Innenraum der Atemwege gezogen werden, wenn der Unterdruck beim Einatmen zu groß wird. Dies kann zu Atemproblemen, Erstickungsanfällen, Ohnmacht, zumindest aber röchelnden Atemgeräuschen und Schnarchgeräuschen führen. Durch die verminderte Fähigkeit zum Hecheln reagieren brachycephale Hunde empfindlicher auf Hitze als ihre nicht deformierten Artgenossen. Häufig ist auch eine erhöhte Anfälligkeit gegenüber Wärme zu beobachten. Da die Nasenmuscheln und die laterale Nasendrüse eine wichtige Rolle bei der Wärmeabgabe spielen, sind brachycephale Hunde häufig sehr empfindlich gegenüber warmen Umgebungstemperaturen."
(Quelle: Wikipedia)

Da der Mops inzwischen eine brachycephale Rasse ist, kommt es immer wieder zu schwerwiegenden Problemen mit der Atmung, Verletzungen der Cornea (Hornhaut des Auges) und einer Entzündung der oft übergroßen Rollfalte auf der Nase der Möpse. Denn diese Hautfalten stellen durch die daraus resultierende Feuchtigkeit und Wärme immer geeignete Brutstätten für Bakterien und Pilze dar. Viele Möpse neigen dadurch zu Hautirritationen, die durch den starken Juckreiz mit allen sich daraus ergebenden Folgen zum Drangsal des Tieres werden können.

Erst der alte FCI-Rassestandard ermöglicht nach Ansicht einiger Züchter die derzeit möglichen Gesundheitsprobleme des Mops. Aus diesem Grund wurde im Deutschland des Jahres 2001 der „Mops - und Pekinesen Rassehunde-Verband" gegründet, der die Züchtung von Hunden mit veränderten Merkmalen zum Ziel hat. Dieser Verband hat es sich zur Aufgabe gemacht, das ursprüngliche Aussehen des Mops, wie er im 19.Jahrhundert bis Mitte des 20.Jahrhunderts üblich war, wieder populär zu machen. Es ist zu betonen, dass der jetzige Rassestandard eine reine „Erfindung" des Menschen ist und den Züchtern der Gegenwart auferlegt wurde und wird. Deshalb ist es heute leider eher die Regel, Möpse zu züchten, deren Nasenfalte so extrem ausgeprägt ist, dass ihnen das Atmen schwer fällt und deren Nasenlöcher zu eng und zu klein sind. Leider kann uns der Mops nichts von seinen Defiziten berichten, aber wer unter einer normalen Auffassungsgabe verfügt, kann durch das Beobachten einiger Tiere erahnen, was der Mops durchmachen muß. Sehr passend finde ich dazu ein Zitat, das Du auf der Webseite des Mops - und Pekinesen Rassehunde-Verbandes unter www.mprv.de findest:

„..Wir fordern deshalb alle Züchter auf, auf solche Zuchten in Zukunft zu verzichten. Der Mops hat ein Anrecht darauf, frei und ungehindert atmen zu können. Wenn also in Zukunft nach Erreichen unseres Zuchtziels der Nasenrücken der Möpse deutlicher länger hervorsteht, dann ist das kein Mangel, sondern eine von uns gewünschte Verbesserung der Rasse.
Allen Richtern, denen das nicht behagt, empfehlen wir das mehrtägige Tragen einer Wäscheklammer auf ihrer eigenen Nase, um sich mit den bisherigen Atemproblemen der Möpse vertrauter zu machen."

Obwohl ich versuche, eine mehr oder weniger neutrale Position beim Verfassen meiner Texte für dieses Buch zu behalten, kann ich als Mops-Liebhaberin mit einer gehörigen Portion Empathie für Tiere gar nicht anders als zu betonen, dass eine weitreichendere Unterstützung durch den VDH gegenüber dem MPRV bezüglich rassefreundlicherer Zuchtverordnungen wünschenswert wäre. Denn die „neue" altdeutsche Züchtung des Mops steht meiner Beurteilung nach dem heutigen Standardmops, vor allem rein optisch betrachtet, in nichts nach. Die Rasseclubs sollten sich daher in erster Linie einer neuen spürbar verbesserten Lebensqualität des Mops verpflichtet fühlen. Hier trägst auch Du eine gewisse Verantwortung gegenüber der gesamten Rasse. Selbst der geringste Zweifel am Wohlergehen des Tieres ist hier auch ohne Beweis schon Grund genug, die eigene Vorstellung vom „perfekten Mops", die sich im Wesentlichen ja leider oft nur auf Äußerlichkeiten reduziert, vielleicht einmal zu hinterfragen.

Brief von Prof. Dr. Bernhard M. Spiess, Abteilung für Veterinär-Ophthalmologie, Departement Kleintiere an der Universität Zürich an den Vorsitzenden des MPRV:

„Es ist eigentlich schade, dass in Deutschland immer wieder „dissidente" Züchter eigene Clubs gründen müssen, um ihre meist gut gemeinten Anliegen zum Wohle des Hundes in die Tat umsetzen zu können. Offenbar erfahren sie im ursprünglichen Club zu wenig Unterstützung und Rückendeckung durch den VDH.
Es ist aus augenärztlicher Sicht sehr zu begrüßen, dass sich endlich jemand der brachycephalen Rassen annimmt (es gibt noch mehr davon!). An unserer Klinik bilden diese Hunde den Hauptanteil aller Patienten mit schwerwiegenden Augenveränderungen, v. a. Verletzungen und Geschwüre der Hornhaut. Es darf doch nicht sein, dass wir bei vielen Vertretern dieser Rassen erst die Lidspalten verkürzen und die Nasenfalten ent-

fernen müssen, damit sie problemlos, d. h. ohne fortschreitende Pigmentierung der Hornhaut und ohne wiederkehrende Geschwürsbildung durchs Leben gehen können.
Daher bin ich sehr froh, wenn Sie in Ihrem Club die Gesundheit und Leistungsfähigkeit der Möpse und Pekingesen wieder etwas mehr in den Vordergrund rücken.
Meine zugegebenermaßen etwas einseitige und pragmatische Sicht der Dinge würde allerdings im Rassestandard vor allzu prominenten und buschigen Nasenfalten warnen und versuchen, die Nase etwas zu verlängern, sowie die Lidspalte kleiner zu halten.
Es gibt immer wieder solche Exemplare, über die ich mich jedes Mal sehr freue - allerdings kommen sie zumindest in der Schweiz an Ausstellungen schlecht weg."
Quelle:
http://www.mprv.de/hauptmenue/qualzucht/von-prof-dr-b-spiess.html

Mops mit Profil: ZKR Retromopsrüde Quentin v. Bromberg

Der Spezialverband ZKR Der Züchterkreis für den Retromops

Während es für die Züchter früher Priorität hatte, dass ihre Hunde den Qualitäts- und Gesundheitsansprüchen der Arbeitshunde entsprachen, rückten im Zuge des Ausstellungswesens des 19.Jahrhunderts menschengemachte Schönheitsideale in den Vordergrund. Der Fang des Mopses verschwand im Laufe der Jahre und der Mensch schuf eine brachycephale Rasse, die mitunter immer mehr unter gesundheitlichen Problemen der Atmung, Verletzungen der Cornea und einer Entzündung der oft übergroßen Rollfalte auf der Nase zu kämpfen hatte. An dieser Stelle möchte ich den renommierten Kynologen Hellmuth Wachtel zum Thema Ausstellungswesen zu Wort zitieren:
„Noch immer spricht man von „Verbesserung" der Hunderassen, doch dabei handelt es sich heute immer öfter um Karikierung und Qualzucht. Und diese Entwicklung hat der Ringrichter nicht nur nicht verhindert, sondern vielmehr ganz wesentlich mitverursacht! Kurz und gut, dieses System hat sich nicht bewährt, und das hätte man voraussehen oder wenigstens rechtzeitig abbremsen müssen!"
(aus: Hellmuth Wachtel, Rassehund wohin?, Kynos Verlag 2012)

Welpe der Retromops-Züchtung von G.Kleinschmidt

Der Spezialverband ZKR (Züchterkreis für den Retromops) wurde im Jahre 2006 von seiner Begründerin G. Kleinschmidt ins Leben gerufen und besteht aus Züchtern, die den innerhalb des VDH/FCI favorisierten Rassestandard des Mopses ablehnen und sich der Zucht des Retromops verschrieben haben. Der ZKR arbeitet unter dem Dachverband IDDHC. Die gezielte und konzentrierte Zuchtarbeit des ZKR favorisiert den alten Mops wie es ihn im 19.Jahrhundert noch gab und beinhaltet feste Zucht-Regeln, die auf der ursprünglichen Definition des Retromops durch seine Begründerin G. Kleinschmidt fußen.

Züchter und Deckrüdenbesitzer des ZKR arbeiten unter gemeinschaftlichen Zuchtbedingungen, verzeichnen und archivieren das Zuchtgeschehen sehr akribisch. Die süßen Möpse aus der Retro-Zucht erfreuen sich mitlerweile höchster Popularität und Du kannst diese neue „alte" Zucht inzwischen in Dänemark, Frankreich, Spanien, Österreich, der Schweiz, den arabischen Emiraten und Südafrika entdecken. Ich kann einen Welpen aus der Zucht von Frau Kleinschmidt nur empfehlen, was beim Betrachten der Fotos sicherlich keiner weiteren Erklärung bedarf. Mehr Informationen zur Zucht erfährst Du auf der Internetseite von Frau Kleinschmidt unter *www.retro-mops.de* oder unter der Email *info@retro-mops.de*

ZKR Retromops-Hündin aus der Zucht von Frau Kleinschmidt

ZKR Welpen-Zucht Retromops aus der Zucht von Frau Kleinschmidt

Frau Kleinschmidt vom „Züchterkreis Retromops“ mit ihrer mopsfidelen Rasselbande

Der Retromops

Mehr Informationen findest Du unter www.zuechterkreis-retromops.de

Erstausstattung

Steht der Anschaffung eines Mops-Welpen nichts mehr im Wege, solltest Du nun die nötige Erstausstattung für Deinen Hund organisieren. Am besten ist es, wenn Du die Dinge besorgst, bevor der Welpe nach Hause kommt. Dazu gehören u.a. ein Welpenhalsband, eventuell Brustgeschirr und eine Leine aus Nylon. Dieses lässt sich besser reinigen, ist stabil und trotzdem leicht. Als erstes solltest Du Deinen Welpen an das Hundehalsband gewöhnen, achte jedoch darauf, daß dieses nicht zu eng um den Hals liegt. Ein Finger sollte problemlos zwischen Hals und Band passen. Neben der Steuermarke am Halsband kannst Du später auch eine Hülse befestigen, in der Du ein Zettelchen mit Deiner Anschrift und Telefonnummer versteckst. So kannst Du informiert werden, falls der Mops einmal stiften geht. Achte auch darauf, dass Dein Hund, wenn er mal größer ist, ein neues Halsband benötigt, da das erste mit der Zeit zu eng wird. Selbstverständlich benötigst Du auch ein Futter-Set, bestehend aus einem Futter- und einem Wassernapf. Falls Du Hof oder Garten hast, ist es sinnvoll, auch ein Set für außerhalb zu kaufen. Denke stets daran, selbige regelmäßig zu reinigen. Der Mops hat Hunger, und besonders Welpen benötigen spezielles Futter, welches Du nicht selbst herstellen solltest, da eine Eigenmischung das Risiko einer Über- oder Unterversorgung mit wichtigen Nährstoffen erhöht.

Frage also Deinen Züchter, welches Futter Dein Welpe für ein gesundes Wachstum benötigt. In der Regel ist es jedoch so, dass Du auf speziell gefertigtes Welpenfutter zurückgreifst, welches Du im Tierfachgeschäft, im Supermarkt oder auch im Internet kaufen kannst. Füttere stets zu den gleichen Zeiten und achte auch darauf, dass das Futter weder zu warm noch zu kalt ist. Beachte, dass ein Welpe 4-5x/Tag gefüttert werden darf.

Wenn Du Dir einen Welpen ins Haus holst, sei Dir geraten, vorerst einen größeren Karton mit Einstieg als Hundekörbchen zu zweckentfremden. Diesen legst Du mit einer Decke aus, auf der Dein Möpschen schön liegen und schlafen kann. Da das Jungtier noch gern Dinge auseinander nimmt und zerkaut, wäre ein teures Hundekörbchen in dieser Phase doch etwas zu gut gemeint. Den Karton platzierst Du idealerweise neben Deinem Bett, so dass Du das Tier schnell beruhigen kannst, wenn es sich nachts einmal fürchtet und einsam ist. Wenn Du später diesen Karton gegen einen richtigen Hundekorb austauscht, gib Acht darauf, dass dieser gut zu reinigen ist. Denn nichts ist schlimmer als ein verdreckter Hundeplatz, der auch für die Gesundheit des Tieres nicht besonders förderlich ist. Schön für den Hund ist meistens auch eine Transportbox mit Gitter, in die sich der Mops wie in eine Höhle zurückziehen kann. Zudem kann die Box auch einmal dazu verwendet werden, den Kleinen kurzzeitig (!) darin ausbruchssicher zu verwahren, wenn Du einmal kurz weg bist. Später kann das Gitter dann entfernt werden und gegen eine Decke ausgetauscht werden. So bekommt der Hund das Gefühl, in einer „sicheren Höhle" zu liegen. Die Box kannst Du auch dafür nutzen, den Mops im Auto zu transportieren. Vermeide es tunlichst, den Mops ungesichert im Auto mitzunehmen. Abgesehen von den hohen Geldstrafen, die Dich bei einer Verkehrskontrolle erwarten würden, ist auch das Sicherheitsrisiko beim Fahren signifikant erhöht. Viele Hundehalter nutzen auch ein Trenngitter, das Personenkabine und Kofferraum voneinander trennt. So kann der Mops während der Fahrt nicht in die Verlegenheit kommen, „das Steuer zu übernehmen". Anzuschaffen ist auch eine geeignete Bürste für die unter Umständen starken Fellwechsel im Frühjahr und Herbst sowie eine Zeckenzange für etwaigen Zecken-Befall.

Als Spielzeug solltest Du für Deinen Mops nicht irgendwas kaufen. Es empfiehlt sich, auf Kuhhufe oder Kauknochen aus Rinds- oder Büffelleder im Zoofachgeschäft oder Internet zurückzugreifen. Gummi-Spielzeug ist für den kleinen Kerl insofern gefährlich, als dass er selbiges zerbeißen und hinunterschlucken könnte. Auch Kauknoten sind nicht besonders geeignet, da der Hund die Stränge im Laufe der Zeit auseinanderzwirbelt und verschlucken könnte. Auf Knochen vom Schwein oder gar Geflügel sollte unbedingt verzichtet werden, selbst Kalbs-Knochen können zu böser Verstopfung führen. Unbedenklich dagegen ist Hundespielzeug aus Hartholz. Ergänzend kannst Du Deinem kleinen Lümmel auch Kauspielzeug zur Verfügung stellen, welches aus natürlichen Materialien wie Rinder- und Büffelhaut gefertigt ist. Bei Bällen solltest Du nur solche geben, die er nicht verschlucken kann. Du wirst aber auch sehr bald merken, dass Dein Mops gebräuchliche Gegenstände wie Schuhe, Mützen oder Stuhlbeine zweckentfremdet. Schau also ab und zu mal hin, womit sich der kleine Mops beschäftigt. Auf keinen Fall solltest Du Deinen Hund anschreien oder schlagen, sollte dieser einmal wieder Blödsinn auskochen. Ein Welpe ist bei der Wahl seiner Beschäftigungsmöglichkeiten äußerst kreativ und das geht im Großen und Ganzen wieder vorüber, wenn das Tier erwachsener wird. Wobei beim Mops jedoch zu bemerken wäre, dass auch die älteren Tiere noch ab und an enormen Einfallsreichtum zu Tage bringen können.

Das brauchst Du:

1. Welpenhalsband mit Adresslasche oder Hülse
2. Leine
3. Brustgeschirr
4. Futter-Set
5. größerer Karton
6. Hundedecken (waschbar)
7. Hundekorb (gut zu reinigen)
8. Transport-Box mit Gitter
9. evt.Trenngitter für das Auto
10. Bürste
11. Zeckenzange
12. Spielzeug wie Kuhhufe, Kauknochen aus Rinds- oder Büffelleder, Spielzeug aus Hartholz
13. Welpen-Futter
14. Leckerlies
15. Hundebeutel + Handschuhe

Das welpensichere Zuhause

Nun geht es nur noch daran, Dein Zuhause weitestgehend welpensicher zu gestalten und auch beim Mops-Welpen wie auch beim Menschen-Baby gilt hier die Devise: Alles was giftig, unverdaulich oder sonst irgendwie gefährlich werden kann, muss in Sicherheit gebracht werden. Denn der Mops-Welpe ist stets darauf bedacht, neue Dinge zu entdecken und zu erschnüffeln. Hierzu dienen ihm die feine Nase und seine Zähne. Und vieles von dem, was der Mops entdeckt, wird zerkaut und heruntergeschluckt. Die Folge können mitunter lebensbedrohliche Verletzungen sein, die von vornherein vermeidbar wären. Trage also Sorge darum, dass sich keine giftigen Pflanzen, Schädlingsbekämpfungsmittel, Flaschen mit Reinigungsmittel, Nadeln sowie Medikamente, Büroklammern oder auch Geldstücke auf dem Fußboden, in erreichbarer Nähe zum Mops befinden.

Auch Kabel jeder Art sind vor dem Hund in Sicherheit zu bringen, zum Beispiel durch Kabelschächte. Auch mobile Mehrfachsteckdosen können eine besondere Gefahr darstellen sowie Steckdosen im Allgemeinen, welche vorsichtshalber mit einer Kindersicherung versehen werden sollten. Etwaiges Zubehör erhälst Du in jedem Baumarkt. Da der kleine Mops stetig nach verwertbaren Essensresten schnüffelt, rate ich Dir auch dazu, einen Abfalleimer mit fest verschlossenem Deckel anzuschaffen. Befinden sich hohe Treppen in Wohnung oder Haus, so sind lebensgefährliche Treppenstürze durch ein Babygitter vorzubeugen. Du kannst die Welpenaufzucht durch Vorbeugung um ein Vielfaches entschärfen und es ist immer besser, Dinge von vornherein aus dem Weg zu räumen, als sich ständig Gedanken darum machen zu müssen, was der Welpe wohl als nächstes entdeckt. Diese Vorsichtsmaßnahmen sollten besonders in der Flegelphase des Tieres Beachtung finden und keine Sorge: schlimmer wird's nicht.

Die ersten Tage daheim

Wenn Du Deinen Mops-Welpen vom Züchter Deiner Wahl holst, vergiß nicht die Transportbox mitzunehmen oder ein Trenngitter im Wagen zu installieren. Bedenke, dass der kleine Mops zuvor wahrscheinlich noch nie Auto gefahren ist und jeder Hund anders reagiert, wenn er das erste Mal in so ein „Ding" einsteigt. Einige Hunde erbrechen bei der ersten Fahrt, Du solltest also auch mit Küchenrolle und einer Flasche Wasser gewappnet sein. Auch ein Paar Küchen-Handschuhe sind praktisch. Lege während der Fahrt einige Pausen ein, damit sich der Mops lösen kann. Schlage nicht zu laut mit den Autotüren und vermeide eine holprige, alzu aufgeregte Fahrweise. Seid Ihr endlich im neuen Zuhause eingetroffen, sollte es vermieden werden, dass alle Familienmitglieder zeitgleich auf den kleinen Neuankömmling einstürmen um ihn zu begrüßen. Dies würde dem Tier unnötig Angst machen. Wahrscheinlich wird der Kleine auch gleich sein Geschäft verrichten wollen, gib ihm dazu also Gelegenheit. Jeder Hund ist eigentlich von Natur aus nestsauber, er wird sein Plätzchen (in diesem Falle also sein provisorischer Karton mit Einstieg) nicht verschmutzen wollen. Zeige Deinem kleinen Freund also, wohin er sein Bächlein oder Häuflein machen

kann, wenn er Dir durch Schnüffeln und Drehen zeigt, dass er sich lösen muß. Hat er draußen sein Geschäft verrichtet, lobe den Mops ruhig überschwenglich. Geht es mal nicht schnell genug und der Hund hat sich in den Gemächern entledigt, reicht ein lautes „Pfui". Schlagen oder den kleinen Drops gar mit dem Schnäuzchen in seinen Schmutz zu stupsen, wäre völlig vermessen und Tierquälerei. Das Resultat wäre, dass der Mops sein nächstes Geschäft heimlich verrichten würde. Reinige den Schmutz also stillschweigend und gib Acht, dass Du die Zeichen beim nächsten Mal besser deutest. Hier werdet Ihr Euch schon noch einspielen und der Mops wird zukünftig durch Winseln und Drehen zu verstehen geben, dass er raus muß.

Überhaupt ist es besonders am Anfang Deine Aufgabe, den Kleinen stubenrein zu bekommen. Nach jeder Mahlzeit, nach dem Spiel und insbesondere nach dem Aufwachen sollte der Kleine raus, um sich zu entleeren. Manchmal ist es gar so, dass der Mops draußen wieder vergessen hat, dass er eigentlich mußte. Hab also etwas Geduld, er wird sich schon noch wieder erinnern. Und vergesse nur das Loben nicht! Besonders im Welpen-Alter ist darauf Acht zu geben, dass sein Bewegungsapparat noch zu schonen ist. Keine zu langen Ausflüge oder sportlichen Aktivitäten also. Besser sind viele kleinere Ausflüge, die man mit zunehmendem Alter ausweiten kann.

Lehre dem kleinen Moppelchen auch, sein Körbchen anzuerkennen. Setze ihn immer mal wieder in sein Nestchen und verbinde dies stets mit dem Kommando „Körbchen" oder „Nest". So wird der Mops später auf Kommando zu seinem Platz gehen, wenn Du ihn dazu aufforderst.

Zur Fütterung sei vorerst so viel gesagt, dass ein 12 Wochen alter Hund täglich seine 4-5 Mahlzeiten Welpenfutter braucht. Ist er satt, gehe sogleich raus zum Lösen mit ihm. Besonders zu Beginn Eures Zusammenlebens wird der Mops-Welpe viel Schlaf brauchen. Sorge also dafür, dass er dazu genug Gelegenheit bekommt. Hat der Kleine auch des Nachts mal Sehnsucht, jault er vor Kummer oder kann nicht schlafen, vermeide es tunlichst, den Mops ins Bett zu holen. Gib ihm lieber vom Bett aus von „oben herab" ein paar Streicheleinheiten. Lege ihm, falls es ganz schlimm werden sollte, einen tickenden Wecker unter sein Kissen. Dieses Geräusch wird das Tier sodann mit dem Herzschlag des Muttertieres assoziieren und ihn sogleich beruhigen.

Was ist das Geheimnis glücklicher Mops-Besitzer? Ganz einfach: Die Gesundheit und das Wohlergehen des Mops selbst. Damit auch Dein Mops und Du viele glückliche Jahre miteinander teilen könnt, ist eine sorgsame und mopsgerechte Pflege unerläßlich. Diese beginnt beim Fell, welches täglich gebürstet werden sollte. Kämme dabei mit einer mittelharten Bürste in Wuchsrichtung von vorn nach hinten. Dem Mops wird es gefallen, denn diese besondere Streicheleinheit wirkt wie eine wohlige Massage, die die Durchblutung der Haut anregt. Außerdem hast Du dabei auch regelmäßig Gelegenheit dazu, den Mops auf eventuelle Parasiten oder Schädigungen der Haut zu untersuchen. Auf das Baden des Tieres solltest Du dagegen weitestgehend absehen, denn dies schädigt die natürliche Schutzschicht des Fells. Auch das Gebiß des Tieres muss immer wieder mal vom Tierarzt untersucht werden, denn „doppelte" Zähne, d.h. Milchzähne, die beim Zahnwechsel im Kiefer verblieben sind, können zu Gebissfehlstellungen beim Mops führen, denen vorgebeugt werden muss. Für die allgemeine Gebißpflege und zur Vorbeugung von Zahnstein gebe Deinem Möpschen hin und wieder zahnpflegende Kaustreifen. Auch die Ohren des Mops bedürfen hin und wieder einer Begutachtung, denn diese weisen von Natur aus reichlich Ohrenschmalz auf, der mit einem speziellen Flüssigreiniger vom Tierarzt oder Pflegetüchern aus der Zoofachhandlung entfernt werden sollte. Riecht das Ohr streng und ist eine bröcklige, schwärzliche Substanz bemerkbar, solltest Du besser einen Tierarzt aufsuchen.

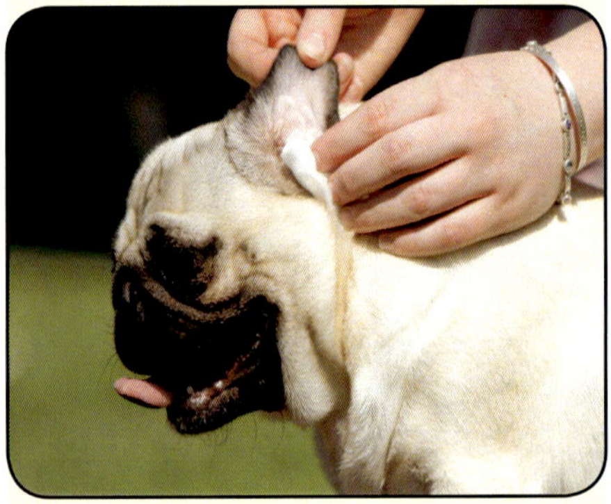

Da auch die Hautfalten des Mops durch die daraus resultierende Feuchtigkeit und Wärme immer geeignete Brutstätten für Bakterien und Pilze bieten, kann es sein, dass sich die Nasenfalte entzündet. Viele Möpse neigen dadurch zu Hautirritationen, die durch den starken Juckreiz mit allen sich daraus ergebenden Folgen für den Mops zur Qual werden können. Begutachte also regelmäßig die Faltenzwischenräume und reinige selbige gegebenenfalls mit speziellen Pflegetüchern aus dem Zoofachgeschäft. Trage nach dem Entfernen der dunkelbraunen, mitunter übelriechenden Masse mit pastenähnlicher Konsistenz, etwas Vaseline oder Calendula-Salbe auf. Suche im Zweifelsfall den Tierarzt auf. Wie bereits im Kapitel „Retro-Mops“ erwähnt, sollte man die Anschaffung eines Mops aus Standardzucht überdenken und abwägen, ob man im Sinne des Tieres nicht doch lieber auf einen „neuen alten“ Mops aus dissidenter Zucht zurückgreift und Probleme wie Entzündungen, Ekzembildung sowie Kurzatmigkeit und andere Symptome des brachycephalen Syndrom von vornherein ausschließt.

Und auch die Augen müssen beim Mops stetig „überwacht“ werden, denn diese neigen ebenfalls zur Entzündung. Kannst Du eine Rötung des Auges, Schwellung der Augenlider, einen übermäßigen Tränenfluss sowie Schleimbildung am Auge beobachten, deutet dies auf eine Entzündung hin. Für diesen Fall solltest Du eine Augensalbe anwenden, die in den Lidsack des Auges eingebracht und bei geschlossenem Auge sanft mit dem Finger verrieben wird. Wird das Augenleiden nicht besser, suche einen Tierarzt auf. Bist Du mit der Behandlung der Augen überfordert, lasse dies den Tierarzt für Dich erledigen. Dieser kennt sich mit Augenleiden von Beruf wegen aus und er wird Dir sicherlich zeigen, wie Du Deinen Mops zuhause selbst behandeln kannst. Auch Verkrustungen, die Du insbesondere am Morgen bei Deinem Hund beobachten kannst, lassen sich relativ einfach mit entsprechenden Pflegetüchern aus der Zoohandlung beseitigen.

Parasiten wie Zecken oder Flöhe sind in der Zeit von Frühjahr bis Herbst aktiv und können den Mops befallen. Zecken kannst Du problemlos mit der Zeckenzange ziehen. Dabei musst Du darauf achten, dass Du den Kopf der Zecke mit entfernst, da es sonst zu Entzündungen kommen kann. Zecken werden herausgedreht und nicht gezogen. Entsprechende prophylaktische Präparate bekommst Du ebenfalls im Handel. Auch Impfungen gegen Parvovivose, Tollwut, Hepatitis, Staupe oder Leptospirose sollten vom Tierarzt sinnvollerweise alle 1-2 Jahre vorgenommen werden. Dein Tierarzt wird Dich diesbezüglich gern aufklären.

Zahnreinigende Kaustreifen können Zahnproblemen beim Mops vorbeugen.

Illustration des Mops, wie er im 19.Jahrhundert aussah.

Die richtige Fütterung

Der Mops wie jeder andere Hund auch, bezieht seine Energie aus dem Futter. Über 50 verschiedene Nährstoffe werden ihm dabei zugeführt. Vitamine, Mineralstoffe, Fett und Fleisch werden im Darm aufgespalten und deren Nährstoffe über den Blutkreislauf in alle Körperzellen transportiert. Dabei ist neben dem Fett vor allem das Eiweiß eine wichtige Energiequelle, da dieses ein bedeutender Baustein fast aller Körpersubstanzen des Hundes darstellt. Mineralstoffe sind für den Aufbau des Skeletts sehr wichtig und steuern lebenswichtige Vorgänge im Stoffwechsel, während die Vitamine unverzichtbare Lebensprozesse im Körper regeln. Dem Welpen hat aufgrund seines erhöhten Bedarfs an Kalzium, Phosphor und knochenaufbauenden Mineralstoffen eine ganz besondere Ernährungsweise zuzukommen. Denn dieser Bedarf ist in den ersten 2 Lebensmonaten 4 mal höher als bei einem erwachsenen Hund und muß mit ausgewogener, altersgerechter Vollnahrung gewährleistet sein. Damit das gleichmäßige Knochenwachstum und eine gesunde Skelettentwicklung Deines Mops stattfinden können, solltest Du also auf hochwertige, altersgerechte Vollnahrung aus dem Fachhandel zurückgreifen. Um einer Über- oder Unterversorgung vorzubeugen, solltest Du auch von einer Futter-Selbstherstellung absehen.

Nur wenn der Hund Fertignahrung nicht verträgt und auch ein Wechsel zu einer anderen Sorte keinen Erfolg bringt, solltest Du auf eine Selbstherstellung ausweichen. Beachte hierbei aber unbedingt die Hinweise Deines Tierarztes zur Zusammensetzung des Futters. Auch weiterführende Literatur zur Nahrungsherstellung bei Hunden ist in solch einem Fall angeraten.

Wenn Du einen Saugwelpen aufziehst bedenke, dass Du stets nur spezielle Welpenmilchprodukte verwenden darfst. Von Kuhmilch wird aufgrund der erhöhten Durchfall-Gefahr bei Welpen strikt abgeraten. Dies gilt auch bei erwachsenen Hunden. Serviere stets nur frisches Wasser. Die Futtermenge sowie die Zeiten, zu denen die Fütterung stattfindet, sollten einem geregelten Ablauf folgen. So dürfen Welpen 4-5 x täglich gefüttert werden, erwachsene Hunde 2 x täglich, stets am selben Ort und zur selben Zeit. Natürlich gibt es bezüglich der Futter-Menge keine klare Faustregel, denn diese muß letztendlich auf den Gesundheitszustand, das Alter und auf die Auslastung des Hundes angepasst sein. Orientiere Dich dabei an den Fütterungsangaben auf der Verpackung.

Da diese Angaben jedoch oft zu hoch

Eine ausgewogene Ernährung ist beim Mops angeraten. Achte stets auf einen sauberen Napf und frisches Wasser. Verzichte möglichst auf Milch und rohes Schweinefleisch!

angegeben werden, solltest Du die Futtermenge gegebenenfalls nach unten korrigieren. Hin und wieder gibt es auch Möpse, die sich dem Futter verweigern und partout nicht fressen mögen. Hier kann es hilfreich sein, das Futter nach 10 Minuten wegzustellen, wenn das Tier bis dahin nichts angerührt hat. Achte beim Futter auch stets auf die richtige Temperatur, da zu kaltes Futter zu Beschwerden führen kann. Dies gilt insbesondere im Sommer, wenn durch starke Wärme-Entwicklung und Gefahr des Verderbs das Futter im Kühlschrank aufbewahrt werden muss. Es kann mit der Zeit passieren, dass ein Mops von seiner sportlichen Linie abweicht und Übergewicht ansetzt. Viele Halter machen dann den Fehler, die übliche Futtermenge zu reduzieren. Hiervon rate ich jedoch ab, stattdessen solltest Du bei gleicher Fütterungsmenge lieber herkömmliches Futter gegen spezielles Diät-Futter austauschen

und vielleicht in Erwägung ziehen, dem Mops ein wenig mehr Bewegung bei Spaziergängen und Tobereien zuzumuten.
Natürlich liegt dies auch immer im Ermessen des Tieres und manche Möpse mögen sich einfach nicht so viel bewegen, was auch an einer mitunter schlechten Kondition liegen kann. Dies muss stets individuell abgewogen werden. Bei Futterwechsel solltest Du außerdem wissen, dass diese nicht abrupt geschehen, sondern langsam über einen Zeitraum von 5 Tagen stattfinden sollten.
Da der Mops Abwechslung liebt, kannst Du ab und an ruhig mal etwas frisches unbehandeltes Obst und Gemüse wie Äpfel, Karotten, Tomaten oder Kräuter vermengt mit etwas Sonnenblumen-, Distel,- Maiskeim- oder Pflanzenöl zum Futter dazugeben. Reis, Quark, Hundeflocken und Naturjoghrt kann ebenfalls empfohlen werden. Auch ein rohes frisches Eigelb mag der Mops, wenn Du es seinem Futter beimengst. Die Zugabe wertvoller Vitamine und Mineralstoffe kann dazu beitragen, Mangelerscheinungen wie Infektionsanfälligkeit, übermäßigem Haarausfall, Haarbruch, glanzlosem Fell und trockener, schuppiger Haut vorzubeugen. Für ein glänzendes Fell empfehlen sich ebenfalls essentielle Fettsäuren wie Omega-3,- und 6, Zink sowie Vitamin A und E. Hierzu kannst Du auch spezielle Futterergänzungsmittel verabreichen, die Du in der Tierfachhandlung erhälst. In der Regel ist es jedoch so, dass bei Fütterung von hochwertigem Fertigfutter auf die Zugabe von Ergänzungsfuttermitteln verzichtet werden kann, da gutes Hundefutter bereits alle wichtigen Nährstoffe enthält, die Dein Mops benötigt.

Vorsicht bei:

- **Schokolade**
- **Resten vom Tisch**
- **Süßigkeiten**
- **Milch**
- **rohem Schweinefleisch**
- **zu kaltem Futter**
- **zu viel Futter**
- **Zwiebeln, Knoblauch**
- **Weintrauben und Rosinen**
- **Avocados und Nüssen**
- **Salz**
- **Koffeinhaltige Getränke**
- **Steinobst**
- **Süßstoff Xylit**
- **Tabak**

Schokolade und andere Süßigkeiten sind für den Mops tabu!

Empfehlungen zur Fütterung:

- **Fütterung erst 20 Minuten nach sportlichen Aktivitäten, um einer Magenverschlingung und Magenbeschwerden vorzubeugen**
- **Welpen benötigen 3-4x täglich spezielles Welpenfutter**
- **Saugwelpen nur mit speziellen Welpenmilchprodukten füttern**
- **Verfüttere nur qualitativ hochwertige Fertignahrung**
- **Sorge für Abwechslung und ergänze die Fütterung ab und zu mit sauberem und unbelastetem Obst und Gemüse:**

  -gekochter Broccoli
  -Äpfel
  -Karotten
  -Erbsen
  -grüne Bohnen
  -Tomaten
  -Spinat

- **Verfüttere auch hin und wieder Kräuter wie:**

  -Brennnesseln
  -Löwenzahn
  -Dill
  -Basilikum

- **Hundekuchen und spezielle Kauknochen zur Vorbeugung von Zahnerkrankungen**
- **Füttere bei Senioren-Hunden speziell auf den verlangsamten Stoffwechsel abgestimmtes Seniorenfutter**
- **Halte Dich weitestgehend an die Futtermengenangaben auf der Verpackung**
- **Gebe Deinem Mops nach jeder Mahlzeit Gelegenheit, sich mindestens 1 Stunde auszuruhen**
- **keine sportlichen Betätigungen nach der Fütterung!**

Futtermittel-Allergien und Gegenmaßnahmen

Immer mehr Hunde leiden an einer Futtermittel-Allergie. Und als wäre dies nicht schlimm genug, so ist es auch noch ein schweres Unterfangen, so eine festzustellen. Denn die Symptomatik zeigt sich oft erst längere Zeit nach Fütterung der allergieauslösenden Futterkomponenten wie beispielsweise Hühnerfleisch oder Weizen und es ist schwer, diese dann noch miteinander in Verbindung zu bringen. Die Symptome bei solch einer Allergie können starker Juckreiz und stetes Belecken der Pfoten, stumpfes Fell mit Schuppen, Wund- und Pustelbildung sein. Aber auch Reizdarm, chronischer Durchfall, chronische Magen-Darm-Entzündung und Probleme am Ohr wie Röte, Hitze, Juckreiz oder Entzündungen können der Symptomatik einer Futtermittel-Allergie entsprechen.

Als Ursache kommen die immer stärker in Hunde-Futter verarbeiteten synthetischen Zusatzstoffe in Betracht, die dem Tier täglich verfüttert werden. Geschmacks- und Aromastoffe, Antioxidantien, Konservierungs- und Lockstoffe, ja selbst zugesetzte Vitamine können Ursache für diese allergische Reaktion sein. Das Resultat ist, dass das Immunsystem des Hundes mit einer unverhältnismäßigen Produktion von Antikörpern gegen sonst ungefährliche Antigene wie Rind, Geflügel oder Weizen reagiert.

Das Fatale an der Sache ist, dass sich die Allergie im Laufe der Zeit verschlimmert und sich schlussendlich nicht mehr nur auf das Futter beschränkt, sondern auch auf andere Umwelteinflüsse ausweitet. Allergie-Tests liefern oft verfälschte Ergebnisse, da der Körper bereits damit begonnen hat, auch gegen harmlose Komponenten zu rebellieren, die dann oft fälschlicherweise als Ursache herangezogen werden. Außerdem ist es meist so, dass kaum auf obene genannte synthetische Zusatzstoffe getestet wird, die im Grunde die Wurzel des Übels sind. So kann solch ein Allergie-Test später aussagen, dass der Hund vielleicht auf Huhn oder Rind allergisch reagiert, dieses Ergebnis jedoch nicht der tatsächlichen Ursache der Allergie entspricht, sondern lediglich ein Symptom der bereits eingesetzten Immunabwehr darstellt.

Was kannst Du also tun, wenn Dein Mops plötzlich eine Futter-Allergie mit den angezeigten Symptomen entwickelt?

Hier ist ab sofort die Verabreichung hochwertig vielfältiger Futterkomponenten ohne jede Art von synthetischen Zusatzstoffen angeraten.

Diese erhälst Du im Tierfachgeschäft oder im Internet. Es kann durchaus sein, dass sich ein längeres Suchen lohnt, wenn sich dadurch die Abwehrreaktionen des Hundes ausschalten lassen. Noch besser ist jedoch die Frischfütterung (BARF). Bei einer Umstellung von Nass- auf Frischfutter kam es bei allergischen Hunden zur signifikanten Verbesserung des durch die Allergie verursachten desolaten Gesundheitszustandes. Was ist BARF? Dabei handelt es sich um eine Ernährungs-Methode, die primär für Haushunde entwickelt wurde und welche sich an den Fressgewohnheiten der Wölfe orientiert. Dabei wird ausschließlich rohes Fleisch, Knochen und Gemüse gefüttert, wobei Du als Halter für eine ausgewogene Zusammensetzung verantwortlich bist. Besser sind kommerzielle Produkte, die unter dem Namen BARF erhältlich sind. Frage danach in Deiner Tierhandlung oder suche im Internet. Dieses Futter sollte jedoch nur dann verfüttert werden, wenn der Hund allergisch auf herkömmliches Futter reagiert. Denn BARF birgt auch gewisse Risiken, da durch den Verzehr von rohem Schweinefleisch diverse Infektionen auftreten können, die nicht nur für den Hund, sondern auch für den Halter gefährlich werden können.

Symptomatik einer Futtermittel-Allergie:

Magen-Darm:

- Reizdarm-Syndrom
- chronischer Durchfall
- chronische Magen-Darm-Entzündungen

Haut:

- Pustelbildung
- Ekzeme
- Schuppenbildung
- Juckreiz
- vermehrtes Lecken
- Wundbildung

Ohren:

- Entzündung
- Juckreiz
- Hitze
- Röte

Gegen-Maßnahmen:

- hochwertiges Futter mit vielfältigen Futterkomponenten
- strikter Verzicht auf synthetische Zusatzstoffe
- Frischfütterung (BARF)

Erste Erziehungsmaßnahmen

Prinzipiell ist es möglich, jedem Hund etwas beizubringen. Da der Mops ein sehr kluger Hund ist, fällt ihm das Lernen von Kommandos relativ leicht. Wenn da nur nicht sein sturer Dickkopf wäre. Übe Dich also in Geduld, wenn Du mit ihm übst. Nicht jeder Hund ist gleich, junge Hunde lernen schneller als ältere. Auch von Rasse zu Rasse ist das Lernverhalten unterschiedlich. Zwar solltest Du als „Lehrer" eine gewisse Autorität besitzen und auch vermitteln, aber schlussendlich muß Dein Mops Spaß und Laune an der Arbeit haben. Belohne stets mit Leckerlies, denn mit der Gefräßigkeit des Hundes hast Du ein prima „Werkzeug", um ihm zuerst die Grundkommandos „Sitz", „Platz", „Bleib" und „Komm" beizubringen. Diese Kommandos sind auch die Grundlagen, auf denen die später noch folgenden Tricks aufbauen. Sie sind also unerlässlich und Du solltest diese so lang üben, bis Dein Hund sie aufs Wort ausführt. Achte stets das Vertrauen Deines Hundes. Beim Üben also nie die Leckerlies vergessen! Trainiere nur mit Deinem Mops, wenn Du seine volle Aufmerksamkeit hast. Als Faustregel gilt: Belohne sofort, wenn der Mops die Aufgabe gut gelöst hat. Auf keinen Fall darf Bestrafung bei Nichtachtung in Form von körperlicher Gewalt erfolgen! Ignoranz ist viel besser! Beende die Trainigseinheiten stets mit einem Erfolgserlebnis und einem Leckerchen.

Kommando „SITZ"

Unser Ziel soll es in dieser ersten Übung sein, dass der Mops solange sitzen bleibt, bis der Befehl durch „OK" aufgehoben wird. Sage dabei den Befehl „Sitz" und verbinde diesen auch mit dem damit verbundenen Sichtzeichen, der nach unten ausgestreckten Hand (Abbildung).

1.Positioniere Dich vor dem Mops und zeige ihm ein Leckerlie.

2.Bewege Deinen Arm, mit dem Du das Futter hälst, langsam über den Kopf des Hundes nach hinten in Richtung Rute. Sinn dabei ist es, dass der Mops den Kopf anhebt und das Hinterteil senkt, um an das Leckerlie zu kommen. Der Mops darf das Leckerlie erst bekommen, wenn er komplett sitzt. Führe den „Köder" also weiter Richtung Rute, bis er sitzt. Lobe ihn daraufhin mit einem überschwenglichen „Prima!" und füttere das Leckerchen.

3.Dieselbe Vorgehensweise führst Du immer wieder durch, warte bei den anderen Malen aber ganz kurz, bevor Du das Leckerchen gibst. Belohne nur, wenn er auch wirklich sitzt. Bedenke, dass der Mops kleiner als andere Hunde ist und dass Du das Leckerlie nicht zu hoch hälst. Dann beginnt der Mops nämlich, nach dem Futter zu springen. Wenn der Hund zwar den Befehl „Sitz“ ausführt, jedoch immer wieder aufsteht, bringe ihn mit Geduld immer wieder in die „Sitz“-Position, indem Du die eine Hand an seine Brust hälst und mit der anderen leicht auf seinen Hüftknochen drückst.

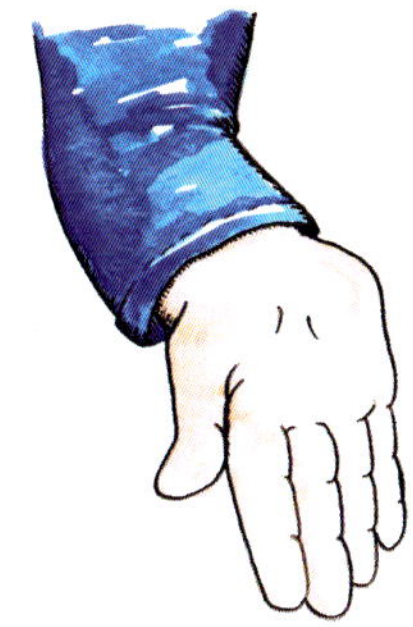

Sichtzeichen

Kommando „PLATZ"

Um das Kommando „Platz" zu können, sollte Dein Mops bereits das „Sitz" beherrschen. Falls dies nicht so ist, übe es weiter. Erst dann fahre mit der folgenden Übung fort. Sage dabei den Befehl „Platz" und verbinde diesen auch mit dem damit verbundenen Sichtzeichen, der zum Bauchnabel drehenden Hand (Abbildung).

1. Gebe das Kommando „Sitz".
2. Halte ein Leckerlie in der Hand.
3. Führe das Leckerlie in der geschlossenen Hand, nachdem Du Deinem Mops „durch die Hand" hast schnuppern lassen, nun langsam zu Boden. Der Mops sollte nun dem Leckerlie folgen und sich zu Boden legen. Gebe ihm sofort das Leckerlie und lobe ihn „Prima!". Legt sich der Mops nicht sofort, schiebe das Futter zwischen seine Pfoten, wieder weg usw. Es kann unter Umständen etwas länger dauern, aber der Mops wird sich irgendwann legen und dann gib ihm die Belohnung.
4. Falls es gar nicht anders geht, drücke den Mops leicht nach unten bis er sich legt.
5. Warte bei den nächsten Malen immer länger, bis Du die Belohnung gibst.
6. Sage, wenn der Hund liegt „Platz" und gebe ihm dabei das Leckerlie. So assoziiert das Tier schonmal das Kommando mit dem soeben Gelernten und weiß später bei Befehl, was zu tun ist.

Merke, dass Du nur dann belohnst, wenn sich der Mops auch wirklich hingelegt hat. Steht er sofort wieder auf, belohne ihn nicht. Es kann besonders bei kleinen Hunden so sein, dass diese sich schwerer hinlegen als größere Hunde. Hier kannst Du mit einem kleinen Trick nachhelfen, indem Du vor dem Hund in die Hocke gehst und das Leckerlie in der geschlossenen Hand auf dem Boden zwischen Deine Beine führst. So kann der Mops gar nicht anders, als sich lang zu machen.

Übe das „Platz" immer wieder, auch an verschiedenen Orten. Irgendwann reicht nur das Kommando „Platz", und der Mops wird sich sofort legen. Eine Belohnung ist dann nur noch ab und zu notwendig. Dieses Kommando ist auch insofern sehr wichtig, dass Du Deinen Hund in späteren Gefahrensituationen sofort anweisen kannst, sich hinzulegen und zu warten, etwa an Straßen- oder Bahnübergängen.

Sichtzeichen Platz

1
2
3
4

Kommando „BLEIB“

Ziel dieser Übung ist es, dass der Mops solange die Stellung hält, bis Du den Befehl löst. Für diese Übung kann es sinnvoll sein, dass Du mit Leine arbeitest. Achte auf das Sichtzeichen, der ausgetreckten, flachen Hand.

1. Bevor Du dieses Kommando zusammen mit Deinem Mops übst, solltest Du den Befehl „**Sitz**“ geben, der vom Mops auszuführen ist. Befindet er sich also in seiner Position, stelle Dich direkt vor ihn, halte Deine flache Hand vor seinen Fang und sage „Bleib“.
2. Halte den Blickkontakt, trete (mit der flachen Hand zum Mops) etwas zurück und kehre zu ihm zurück, um ihn ausgiebig zu loben und mit einem Leckerchen zu belohnen (vorausgesetzt, er ist sitzen geblieben).
3. Falls der Mops aufsteht, ohne dass Du den Befehl aufgelöst hast, bringe ihn wieder zu seinem Platz zurück und beginne die Übung von vorn.
4. Von Mal zu Mal könnt Ihr nun versuchen, die Entfernung und Dauer zu dehnen, bevor der Befehl gelöst wird. Zu viel Autorität Deinerseits wäre beim Lernen stets vermessen. Der Mops ist und bleibt ein kleiner Sturkopf. Will er absolut nicht, so lasse ihn und versuche die Übung zu einer anderen Zeit.

Sichtzeichen „Bleib!“

Kommando „KOMM"

Dieses Kommando soll vom Mops so ausgeführt werden, dass er zu Dir kommt, wenn Du den Befehl „Komm" gibst. Assoziere diesen Befehl nur mit positiven Aspekten und benutze ihn nicht in Angst-Situationen sondern weiche in aus der Sicht des Hundes angstvollen Momenten auf andere Begriffe aus, etwa in dem Du seinen Namen rufst. Es kann sonst nämlich passieren, dass Dein Hund den Befehl „Komm" irgendwann nicht mehr ausführen will, da er den Begriff mit einem Negativ-Erlebnis wie beispielsweise „ins Wasser müssen" oder anderen für ihn unangenehmen Dingen verbindet.

Beim Lernen dieses Kommandos macht zudem eine lange Flexi-Leine Sinn, bei der Du die Länge auf Knopfdruck variieren kannst.

Auch das Belohnen mit Leckerlies und lobenden Worten sollte selbsterklärend sein.

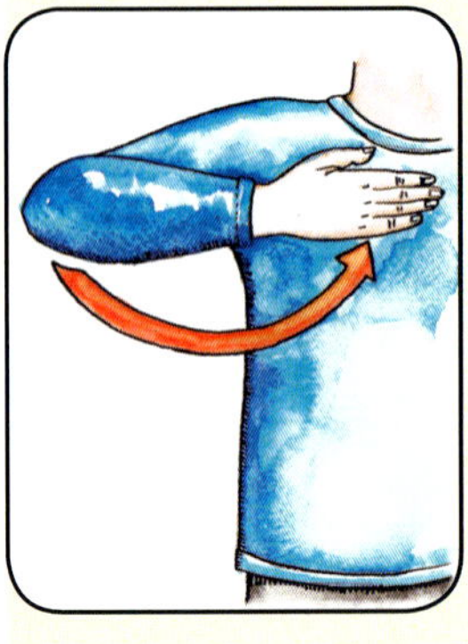

1. Ist der Mops zu Beginn der Übung noch kurz angeleint, gehe mit dem Gesicht zum Mops ein paar Schritte rückwärts und sage „Komm". Achte darauf, dass Du den Begriff nur einmal gibst.

2. Gehorcht der Hund, belohne ihn sogleich.

3. Verlängere nun die Leine.

4. Braucht der Mops mehrere Kommandos um zu gehorchen, verzichte auf die Belohnung und wiederhole die Übung sogleich.

5. Ist der Mops so weit, kannst Du diese Übung später ohne Leine erweitern. Stelle von vornherein sicher, dass der Mops nicht entwischen kann. Gebe nun den Befehl „Komm" und belohne nur dann, wenn er sofort gehorcht. Sollte der Mops die „Gunst der Stunde" wittern und abhauen, laufe ihm bloß nicht hinterher. Rufe ihn ruhig und gehe dann in entgegengesetzte Richtung. Leine ihn ohne Anmerkung wieder an und wiederhole die Übung angeleint. Gehorcht der Mops erst beim 2. oder 3. Kommando, bringe ihn sogleich zurück an den Punkt an dem er sich bei Deinem ersten Kommando befand und beginne die Übung von vorn. Vergesse nur die Belohnung nicht, wenn der Mops das Kommando gut ausgeführt hat.

Kommando „KOMM“

Verhaltensdefizite erkennen und behandeln

Vor allem dann, wenn Tiere durch ihre Vorbesitzer traumatisiert sind, kann es zu schwerwiegenden Verhaltensstörungen kommen. Isolierte und reizarme Bedingungen bei der Aufzucht von Welpen spielen hier eine große Rolle. Fehlen die sozialen Erfahrungen, die der Welpe in seinen ersten Lebenswochen (3.-16.Lebenswoche) machen muss, kommt es meist zu schwerwiegenden Entwicklungsstörungen, welche irreversibel sind. Das Erkundungs- und Spielverhalten kann gestört sein, die Lernleistung spürbar reduziert. Viele Hunde, die bei keinem guten Züchter das Licht der Welt erblickten, leiden später unter ihrer „sozialen Inkompetenz" und unter Ängsten, Unsicherheiten und vielen anderen Defiziten. Diese äußern sich auf vielfältige Weise und bedeuten Streß für Hund und Halter. Mache den Welpen sobald er bei Dir wohnt mit den alltäglichen Umwelteinflüssen vertraut, denn für den Rest der erfahrungssensiblen Lebenswochen und der damit verknüpften Sozialisierungsphase des Mops bist Du verantwortlich. Beim Staubsaugen sollte er ebenso dabei sein wie beim heimischen Freunde-Abend. Steht der erste Stadtbesuch an, mache ihn im Vorfeld mit der städtischen Klangkulisse vertraut, indem Du z.B. Geräusche von Autos, S-Bahn oder Menschen vom Band abspielst. Gib ihm dabei ein paar Leckerlies, damit er diese Klänge gleich mit etwas Erfreulichem assoziiert. Auch in der Natur sollte der Kleine bis zur 16.Lebenswoche die verschiedenen Elemente wie Erde und Wasser kennenlernen, denn diese Erfahrungen sind für seine Sozialisierungsphase von äußerster Priorität. Absolut empfehlenswert sind auch Hundespielstunden für Welpen. Erkundige Dich am besten im Vorfeld bei einer Hundeschule Deiner Wahl, ob dieses Programm geboten wird. Hier lernt er im Zusammensein mit anderen Welpen wichtige soziale Aspekte kennen.

Obwohl der Mops selten aggressiv ist, kann es vorkommen, dass er angriffslustig auf andere Hunde oder Tiere im Allgemeinen reagiert. Oder er zerlegt die halbe Wohnung, zerstört Einrichtungsgegenstände und reißt sich alles „unter den Nagel", was nicht in Sicherheit ist. Andere Hunde wiederum bellen und jaulen ununterbrochen, fressen oder saufen übermäßig viel oder zeigen plötzliche Unsauberkeit. Zwanghaftes Starren, Beutejagen aber auch Selbstverstümmelung durch schmerzhaftes Beissen in Schwanz oder Pfoten zählen zu den Verhaltensauffälligkeiten. Andere Hunde wiederum jagen arglose Jogger oder Radfahrer oder zeigen eine deutliche Leinenaggression. Tiere assoziieren Objekte oder Ereignisse mit Furcht, die ihnen in der Vergangenheit Angst bereitet haben. Zeigt der Mops unnatürliche Verhaltensweisen an, sollte zuerst vom Tierarzt sichergestellt sein, dass keine organischen Erkrankungen wie beispielsweise PDE, vorliegen. Ist hier alles ok, sind die Ursachen des Verhaltensproblem in der Umwelt des Tieres zu suchen. Hier können unzureichende Fürsorge- und Haltungsbedingungen vorliegen, falsch aufgebautes Rudel-Verhalten oder Ahnungslosigkeit über das natürliche Verhalten sowie die artgerechte Haltung eines Hundes. Im Folgenden möchte ich Dir die einzelnen Verhaltensweisen näher erläutern, die Probleme bereiten konnen und zeigen, was Du als Halter selbst tun kannst. In besonders schwerwiegenden Fällen ist ein Hundepsychologe angeraten, der Dich unterstützt oder eine entsprechende Medikation durch einen Tierarzt. Verhaltensdefizite müssen auch nicht immer eine echte Verhaltensstörung sein, sondern es kann sich hier auch nur um ein „unerwünschtes Verhalten" handeln. Als echte Verhaltensstörung wird eine *Verhaltensanomalie* bezeichnet. Dies ist bezeichnend für jedes von der Norm abweichende Verhalten, das nicht nur den Halter stört, sondern auch dem Hund schadet. *Unerwünschtes Verhalten* hingegen ist ein für den Hund arttypisches und normales Verhalten, das den Tierbesitzer stört, den Hund aber nicht.

Mögliche Verhaltensdefizite

- Aggressionen gegenüber anderen Tieren
- ungehaltenes Anspringen von Menschen
- Zerstörungswut in der Wohnung
- Ununterbrochenes Jaulen oder/und Bellen
- Übermäßiges Fressen oder Saufen
- plötzliche Unsauberkeit
- Zwanghaftes Starren
- Selbstverstümmelung
- Orientierungslosigkeit
- Zittern
- ständiges Im-Kreis-Laufen
- Leiter Butting (ständiges Kopfstossen an Personen, Gegenständen oder Wänden)
- Schuhe fressen
- Essen stehlen
- Betteln

Aggressionen gegenüber anderen Tieren

Die Aggression anderen Tieren gegenüber kann viele verschiedene Ursachen haben. Vielleicht geschieht dies aus Jagdtrieb, Geschlechtsrivalität, Machtgehabe oder ganz einfach aus Frustation. Die Ursachen für aggressives Verhalten müssen stets individuell aufgedeckt und aufgelöst werden. Dazu ist es hilfreich, wenn Du Deinen Mops besser kennenlernst bzw. seine Vorgeschichte in Erfahrung bringst. Eine schlechte Prognose ist es, wenn Einsicht und Motivation der Besitzer fehlt, keine Bindung zum Tier besteht, eine gute Erziehung vermisst wird, die Aggressionsstörung schon lange besteht oder der Auslösereiz nicht zu erfassen ist. Du musst Deinen Hund verstehen, um diese Probleme erfolgreich anzugehen. Ganz wichtig ist es, niemals Aggression mit Gegenaggression zu beantworten. Im Zweifelsfall suche Dir immer Hilfe bei einem Tierpsychologen. Adressen findest Du in den Gelben Seiten, im Telefonbuch oder Internet. Frage auch Deinen Tierarzt, dieser hat meist wertvolle Kontakte die er an Dich vermitteln kann. Harmloses Macho-Gehabe des Hundes dagegen kannst Du auch mit etwas Geschick und Geduld im Alleingang angehen.
Meide beim Spazierengehen alle Wege, auf denen es zu unliebsamen Begegnungen mit anderen Tieren kommen kann. Nun wird es Zeit, dass der Mops ein freundlicheres Verhalten lernt. Dies musst Du ihm vermitteln und Du solltest dabei besonders geduldig und behutsam sein. Siehst Du im Entfernten bereits andere Tiere, rufe Deinen Mops ruhig aber bestimmt zurück. Vermeide unbedingt hysterisches Kreischen! Nehme den Kleinen an die Leine und führe ihn im großen Abstand am „Gegner“ vorbei. Lasse Dich dabei keinesfalls herumzerren, sondern halte stets die Führung. Fängt der Mops an zu bellen, beschwichtige ihn mit einem bestimmten „NEIN“, fordere ein „Platz“ (S.58) und belohne ihn für seine Ruhe sofort mit einem Leckerlie. Dies wiederholst Du solange, bis Dein Hund den friedvollen Umgang mit anderen Tieren gelernt hat.
Ist der Mops urplötzlich aggressiv, obwohl er vorher stets der liebste Hund auf Erden war, kann dies auch organische Ursachen wie z.B. PDE haben. Möpse sind anfällig für Enzephalitis, eine Erkrankung des Gehirns, die Epilepsie auslösen kann. Die PDE kommt jedoch auch mit anderen Symptomen einher, von denen Aggression nur eines von vielen darstellt. PDE ist nicht heilbar und muss auf jeden Fall vom Tierarzt mit entsprechender Medikation behandelt werden.

altenes Anspringen von nschen

Das „Anspringen“ ist eher flegelhaftes Verhalten als eine echte Verhaltensstörung. Doch trotzdem ist dies für alle Beteiligten eher nervenaufreibend, wenn der Mops stetig versucht, an einem hochzuspringen. Doch diese Ungezogenheit wird ihm meist bereits im Welpen-Alter „beigebracht“. „Er ist doch so süß, da darf er doch ruhig mal an uns hochklettern“, denken sich viele Halter. Und so bekommt er für das ungehaltene Anspringen auch noch eine gehörige Portion Anerkennung und Streicheleinheiten. Kein Wunder also, dass sich der Mops diese Unart bewahrt. Problematisch wird die Geschichte erst dann, wenn Du mit dem Mops spazieren gehst und er plötzlich wildfremde Leute mit seinem Begrüßungsritual überfällt, in der Hoffnung, auch dieses Mal dafür gelobt zu werden. Doch nicht jeder Mensch ist erfreut, wenn er von einem fremden Hund angesprungen wird. Und vielleicht ist der Mops kurz zuvor auch noch durch Matsch und tiefe Pfützen gepatscht, die er sich nun an fremden Kleidern abwischt. Dies kann durchaus für Empörung sorgen und muss nun wirklich nicht sein. Und auch nicht jeder Besucher, den Du zuhause empfangen wirst, ist auf so einen frechen Mops gefasst. In seiner Unwissenheit wird die-

ser Besucher dem Mops übers Fell streicheln, um sich „zu bedanken“ und schon wieder denkt der Mops: „Na prima, alles richtig gemacht.“ Und auch wenn das Anspringen meistens eine freundliche Geste des Hundes ist, soll es in diesem Punkt darum gehen, ihm diese unliebsame Angewohnheit abzugewöhnen. Hierzu nutzt Du am besten so früh wie möglich das Kommando „Runter“, das Du immer dann gibst, wenn der Mops beginnt an Dir hochzuspringen. Und auch alle anderen Familienmitglieder müssen mitmachen, damit dieses Kommando funktioniert. Kommt Besuch, schicke Deinen Mops auf seinen Platz. Nutze hierzu das Kommando „Körbchen“ (S.94). Der Hund sollte nun, falls er wieder versuchen sollte

an Dir oder Deinem Besuch hochzuturnen, völlig ignoriert werden. Um ihn keinesfalls zu motivieren oder zu bestätigen, darf mit dem Hund weder gesprochen noch ihm in die Augen gesehen werden.
Diese Ignoranz allein wird nicht genügen und Du musst dafür Sorge tragen, dass der Mops eine sofortige Ausweichmöglichkeit bekommt. „Sitz“ und „Platz“ haben wir ja schon einige Seiten zuvor geübt und nun gilt es, dass der Mops eins von beiden ausführt. Belohne ihn mit Leckerlie, wenn er pariert und anstatt hochzuspringen brav an seiner Stelle liegt oder sitzt. Auch wenn Du nachhause kommst und Dein Mops mal wieder an Dir hochspringen will, beachte ihn nicht und begrüße ihn erst dann, wenn er sich völlig ruhig verhält mit einem Leckerlie. Probiere auch aus, den Raum wieder zu verlassen und erneut zu betreten, sobald der Mops beginnt zu springen.
Es funktioniert auch, wenn Du zur Seite gehst, sobald der Mops zum Absprung anlegt. Der Hund springt ins Leere und es entsteht kein Körperkontakt. Biete ihm das „Sitz“ an und belohne ihn sofort mit Lob und Leckerlie. Schnell ist die Devise klar: „Ruhig zu bleiben bringt Belohnung“ und der Mops wird sich die Angewohnheit, die sich aus seiner Sicht nicht länger lohnt, schnell abgewöhnen.

Zerstörungswut in der Wohnung

Viele Hunde-Halter kennen das Problem nicht nur vom Hörensagen: Du kommst nachhause, und Dein Hund hat mal wieder alles zerkaut, gefressen und kaputtgemacht, was ihm in die Quere kam. Dabei wurde vor nichts halt gemacht. Da werden Kerzen verspeist, Hundekörbchen in seine Elementarteilchen zerlegt und Müll- und Papiereimer entleert und in der Wohnung verteilt. Das Chaos ist perfekt und kann die Beziehung Mensch-Hund ganz ordentlich auf die Zerreissprobe stellen. Hier gilt es ruhigen Kopf zu bewahren und das Problem zu analysieren, das den Hund zu solchen Sabotage-Akten treibt. Zuerst einmal kann man in den meisten Fällen feststellen, dass solche Attacken stattfinden, sobald der Hund allein gelassen wird. Hast Du eine Wohnung und bist gezwungen, den Hund länger als 4 Stunden täglich allein zu lassen, rate ich von einer Hunde-Anschaffung generell ab. Wer sich nicht ausreichend mit seinem Hund beschäftigt, sollte sich nicht wundern, wenn sein Tier sich selbst Abwechslung verschafft. Auch die Bestrafung für solche Dummheiten wäre nicht nur dumm sondern auch sinnlos, da der Mops die Bestrafung nicht mit seiner Tat in Verbindung brächte, sondern mit Deiner Rückkehr. Anders sieht es aus, wie bereits erwähnt, wenn

Du über einen Hof verfügst oder aber den Hund mit ins Büro nehmen kannst. Doch was ist, wenn Du nur mal kurz zum Einkaufen gehst, Freunde besuchst oder ins Kino willst und der Hund sogleich die „Sau rauslässt"? In den meisten solcher Ausfälle ist der Hund schlicht unterfordert, leidet an geistiger Stagnation und Bewegungsmangel. Planst Du also einen Solo-Ausflug ohne Mops, solltest Du zuvor Zeit für einen ausgiebigen Spaziergang finden. Auch Sport und Spiel sind angeraten, bei dem Du Deinem Tier auch geistig etwas abverlangst. Erstens kann er sich beim Laufen und Toben auspowern, zweitens befriedigst Du seinen geistigen Anspruch beim Erlernen neuer Tricks. Beschäftige Dich ausreichender mit Deinem Hund und er wird in den meisten Fällen keine Lust mehr haben, Deine Wohnung nebst Möbeln und Dekor zu malträtieren.

Viele Hunde zerstören auch aus Langeweile. Schaffe dem Mops Möglichkeiten, sich sinnvoll zu beschäftigen. Hundespielzeug und andere zweckentfremdete Dinge wie leere Pappkartons oder Pappe von Allzweckrollen können Wunder wirken. Auch kannst Du Leckereien in leicht zu öffnenden Behältnissen wie leeren Kartons oder in Zeitungspapier eingewickelt verstecken. So hat der Mops in Deiner Abwesenheit Beschäftigung, diese zu erschnüffeln und „auszupacken". Ebenfalls bewährt hat es sich, wenn man einen Haufen aus alten Handtüchern und Decken baut. Hier kann der Mops seine Beute verstecken. Du kannst auch nebenbei den Fernseher laufen lassen oder eine Musik-CD mit klassischer Musik oder Naturgeräuschen abspielen. So bietest Du Deinem Mops eine beruhigende Klangkulisse und reduzierst seine Einsamkeit. Vielleicht kann es auch Sinn machen, dem Mops einen Gefährten zu beschaffen. Vielleicht der Nachbarshund?

Ausreichende Beschäftigung mit dem Mops ist Voraussetzung für ein glückliches Tier

Ununterbrochenes Jaulen oder/ und Bellen

Der Hund bellt wenn es klingelt, jemand am Grundstück vorbei geht und in diversen anderen Situationen. Fast unerträglich wird es, wenn sich der Hund nicht mehr beruhigt und scheinbar grundlos ständig bellt und jault. Zwar gehört der Mops eher zur ruhigeren Rasse, die kaum lärmt. Passieren kann es aber trotzdem. Zuerst muss natürlich abgeklärt werden, ob der Mops gesund ist. Plagt ihn etwas, hat er Schmerzen? Dies solltest Du stets vom Tierarzt untersuchen lassen. Kann dieser keine organische Ursache finden, musst Du wieder in die Trickkiste greifen, um Deinem kleinen Schützling das Bellen abzugewöhnen. Meistens teilen die Hunde mit Bellen ihre Befindlichkeiten mit, z.B. wenn sie Angst vor irgendetwas haben oder eine Situation in ihnen Stress auslöst. Oftmals bellen Hunde auch, wenn sie zu lang allein gelassen werden. Es hilft da auch nicht viel, wenn das Tier den Tag im Garten oder auf dem Hof verbringt und seinen Auslauf hat, wenn ihm die sozialen Kontakte fehlen. Hunde machen ihren Menschen unmissverständlich darauf aufmerksam, dass sie nicht gern alleine sind. Nämlich dann, wenn das Bellen einsetzt, sobald man sie alleine lässt. Hier muss der Halter mit dem Hund das Alleinsein üben. Dazu lässt man den Hund zu Beginn nur für ein paar Minuten allein. Beginnt er zu bellen, ignoriert man das. Bleibt er ruhig, wird belohnt. Oftmals ist es jedoch andersherum, es wird selbst dann „belohnt", wenn der Hund die ganze Zeit gebellt hat. Hier erkennt man den Fehler, denn so erzieht man dem Hund das stete Bellen und Lärmmachen regelrecht an. Nach und nach lässt man den Hund immer länger allein. Generell gilt die Faustregel der Belohnung und Aufmerksamkeit: Belohne den Hund erst dann, wenn er das gewünschte Verhalten aufweist, und zwar sofort. So lernt der Hund am schnellsten. Und auch die Beschäftigung mit dem Tier ist das A und O! Fordere Deinen Hund nicht nur körperlich, sondern vor allem auch geistig. Schon bald wird sich das Bellen einstellen.

Nun bellen viele Hunde auch dann, wenn man mit ihnen spazieren geht. Passanten, andere Hunde-Halter werden durch Bellen „angegriffen". Dies bedeutet aber nichts anderes, als dass der Hund sein Herrchen beschützen will. Dies wiederum macht er nur dann, wenn er an der Souveränität und Sicherheit des Halters zweifelt. Hier musst Du Deine Führungsposition innerhalb Eures Rudels erneut positionieren und dem Mops zeigen, dass Du es wert bist, als Rudelführer anerkannt zu werden. Hilft alles nichts und Du bist mit dem Bellen Deines Hundes überfordert, solltest Du Dich an einen Tierpsychologen wenden. Auch viele Tierärzte lassen sich inzwischen im Bereich der Tierpsychologie fortbilden und können mit Dir einen Trainingsplan entwickeln, den es umzusetzen gilt.

Tipp:
Bellt der Hund stets und ständig, kann eine Wasserpistole zum Einsatz kommen. Dies sollte als kleine Maßregelung genügen und das Tier assoziiert das Wasser nicht mit Deiner Hand.

Übermäßiges Fressen oder Saufen

Wasser löscht den Durst des Hundes und reguliert die Körpertemperatur, ist verdauungsfördernd und „schmiert" das Gewebe. Unwahrscheinlich hingegen ist es, dass der Mops zu viel trinkt, wenn er gesund ist. Plötzliches übermäßiges Trinken kann auf eine ernsthafte Erkrankung wie eine Gebärmutterentzündung oder eine Erkrankung der Nieren hinweisen. Es gilt, sofort einen Tierarzt aufzusuchen. Frisst er zu viel und zu schnell, ist ebenfalls Obacht geboten. Hunde sind zwar von Natur aus Schlingfresser, trotzdem drohen ernsthafte gesundheitliche Folgen, wenn der Mops stets zu schnell und unzerkaut frisst.

Übermäßiges Futter- und Trinkverlangen kann ein Hinweis auf eine Erkrankung sein.

In der Natur zeigt sich dieses Verhalten besonders bei Wölfen, die ihr durch Artgenossen bedrohtes Futter herunterschlingen. Ist die Beute verzehrt, wird selbige andernorts erbrochen und erneut in Ruhe gefressen. Während für den Wolf das Schlingen kein Problem darstellt, da sein gesamter Organismus samt flexiblem Schlingrachen und einem sehr dehnungsfähigen Magen auf dieses Fressverhalten ausgelegt ist, kann dies bei Alltagshunden wie dem Mops zu schwerwiegenden Erkrankungen wie Schlundverstopfungen oder Magendrehungen führen. Da der Mops beim Schlingen nur wenig Speichel produziert, kann es zudem zu Magenschleimhautentzündungen führen. Man sollte das normale Fressverhalten seines Hundes natürlich schon ein bisschen kennen, um etwaige Defizite beim Fressverhalten aufdecken zu können. Schlingt das Tier jedoch unnatürlich, ist abzuklären, ob der Hund vielleicht an einem Spülwurm oder anderen parasitären Erkrankungen leidet oder ob er minderwertiges Futter erhält und deshalb trotz guter Futtermenge ständig unterversorgt ist. Ist dem nicht so, solltest Du Deinem Hund ein gesitteteres Fressverhalten anerziehen. Auch sollte der Mops nicht schon fressen, während Du noch bei der Futtergabe bist. Dies funktioniert beispielsweise gut, wenn Du dem Mops, während Du den Napf füllst, ein ordentliches „Sitz" abverlangst!

Plötzliche Unsauberkeit

Wenn Dein Mops plötzlich unsauber ist und seine Geschäfte in der Wohnung verrichtet, solltest Du einen Tierarzt aufsuchen. Vielleicht gibt es gesundheitliche Beschwerden, die abgeklärt werden müssen. Ist der Mops physisch gesund, kann ein Seelenleiden die Ursache sein. Fühlt sich der Mops einsam? Hat er genug Beschäftigung? Bekommt er genug Zuwendung? Hast Du noch andere Tiere, denen Du mehr Zuneigung schenkst als ihm? Bist Du vielleicht umgezogen und Dein Mops verkraftet den damit verbundenen Stress und die neue Umgebung schlecht? Bestrafe Deinen Mops keinesfalls für die plötzliche Unsauberkeit, sondern versucht gemeinsam, wieder einen Nenner zu finden. Ausreichende Bewegung an der frischen Luft, neue Spiele und eine allgemein höhere Zuwendung können das Problem lösen. Die Zugabe einer Bachblüten-Tinktur kann in diesem Falle sinnvoll sein. Es gibt bereits fertige Bachblütenmischungen in der Tierfachhandlung. Lasse Dich vor Ort beraten oder versuche, einen erfahrenen Bachblütentherapeuten zu kontaktieren.

Zwanghaftes Starren

Starrt der Mops ununterbrochen, kann es sich um eine harmlose Verhaltensstörung handeln, aber auch um eine PDE oder andere ernsthafte Erkrankungen. Lasse diese Eigenart sicherheitshalber von einem Tierarzt oder Verhaltenstherapeuten untersuchen, falls Du meinst, dass dieses Verhalten plötzlich kam oder Du bemerkst, dass der Mops auch andere Symptome wie Zittern, Unruhe, Jammern und/oder Desorientierung aufweist. Auch ständiges „Im-Kreis-Laufen" oder „Kopfstoßen" an Gegenständen, Wänden und Personen sind ein klarer Hinweis auf eine schwerwiegende Erkrankung.

Selbstverstümmelung

Die Selbstverstümmelung bei Hunden kann man auch als „Stereotype Verhaltensstörung“ bezeichnen und umfasst eine ständig wiederholte Handlung oder Bewegung des Hundes, die ohne erkennbaren Zweck ausgeführt wird und dem Tier schaden kann. Insbesondere das „Pfote blutig kauen“ ist ein typisches Merkmal solch einer Störung. Interessant ist, dass diese Stereotypen nur in menschlicher Obhut vorkommen, ausgelöst durch unadäquate Haltungsbedingungen, traumatische Erlebnisse oder Dauerstress. Dieses abnormale Verhalten kann beim Tier zur Sucht werden und die Gefahr besteht darin, dass diese Verhaltensstörung, nicht rechtzeitig behandelt, irreversibel wird, selbst wenn die Ursache erkannt und ausgeschaltet wird. Als Ursachen können schwerwiegende Umwelteinflüsse wie wechselnde Haltungsbedingungen, Launenhaftigkeit des Halters oder gar unklare Rangordnungsverhältnisse infrage kommen. Aber auch banale Umstände wie Langeweile können ursächlich sein. Das Pfoteknabbern und „Bearbeiten von anderen Körperteilen“ bietet dem Hund in solchen Momenten eine Art Spannungsabbau. Handelt es sich lediglich um eine Form von unerwünschtem Verhalten anstatt einer echten Verhaltensstörung, kann Ablenkung in Form von Beschäftigung stattfinden. Keinesfalls sollten Leckerlies gegeben werden. Dies könnte den Belohnungseffekt auslösen und die Problematik verstärken. Das Anlegen eines Verbandes oder Spaziergänge können hingegen eine Lösung sein. Auch ein bestimmtes „Aus“ oder „Nein“ können gegeben werden, sobald dieses Verhalten angezeigt wird.

Handelt es sich jedoch um eine echte Verhaltensstörung, bringt auch ein gezieltes Training wenig. Hier ist Ursachenforschung angeraten, indem die Ursache gefunden und ausgeschaltet wird. Auch die zusätzliche Gabe von homöopathischen Kuren kann sinnvoll sein. Um dem Knabbern vorzubeugen, solltest Du an einem geregelten Tagesablauf für das Tier arbeiten, eine klare Führungsposition innerhalb Eures Rudels abstecken und mithilfe körpersprachlicher Ausdrucksweise arbeiten.

Auch genaues Beobachten ist angeraten: Krazt sich der Hund zudem ständig, entwickelt Ekzeme und Wundbildung am Körper, können auch Allergien verschiedener Art ursächlich sein. Am weitesten ist die Futter-Allergie verbreitet. Lese hierzu auch das Kapitel „Futtermittel-Allergien und Gegenmaßnahmen“.

Frage im Zweifelsfall stets einen Tierarzt oder Verhaltenstherapeuten!

Orientierungslosigkeit, Zittern, Im-Kreis-Laufen, Leiter Butting

Bei eines dieser Anzeichen solltest Du unverzüglich einen Tierarzt oder eine Tier-Notklinik aufsuchen!

Schuhe fressen

Im 8.Lebensmonat beginnt die Flegelphase des Welpen. Der kleine Mops wird sich an allem zu schaffen machen, was ihm in die Schnauze kommt. Beliebt sind hier besonders Schuhe aller Art. Erwischt Du ihn dabei, nehme ihm die Schuhe mit einem bestimmten“ Nein“ weg, warte 2 Minuten und biete dem Mops eine Ausweichmöglichkeit, z.B. einen Kauknochen oder anderes Hundespielzeug, das für seine Größe angemessen ist. Auch ein Spiel kann den Hund ablenken.

Essen stehlen

„Ein Mops kam in die Küche und stahl dem Koch ein Ei....“ Dieses alte Kinderlied kommt nicht von ungefähr, denn viele Möpse stehlen in Abwesenheit seines Menschen „Fressalien“ vom gedeckten Tisch! Da hier eine Art Selbstbelohnung stattfindet, lernt der Mops, dass seine Tat einen enormen Vorteil bietet: Die sofortige Belohnung durch ihn selbst. Hier lohnt eine Strafe nur, wenn Du ihn auf frischer Tat ertappst! Da der Mops ein gewieftes Kerlchen ist, wird er sich kaum am Tisch zu schaffen machen, während Du im Raum bist. Führe ihn also in Versuchung, indem Du etwas ganz besonders Leckeres auf dem Tisch platzierst und so tust, als würdest Du verschwinden. Beobachte heimlich und beende die „Straftat“ mit einem bestimmten „NEIN“, sobald der Mops das Fressen vom Tisch holt. Kein Schlagen! Weise ihn aus dem Raum und ignoriere ihn für 5 Minuten.

Betteln

Viele Hunde sitzen am Tisch und betteln nach Leckerein, wenn man selbst beim Essen ist. Dies muss sofort unterbunden werden. Schicke den Hund auf seinen Platz. Du solltest es zudem einführen, dass ihr zu getrennten Zeiten speist. Dem Mops gehört dabei sein fester Futterplatz sowie feste Fütterungszeiten zugewiesen und während Du isst, sollte der Hund an seinem Platz liegen.
Willst Du strafen, ignoriere den Hund oder schicke ihn in die „stille Ecke“.

Erleichtere Dir die Hundeerziehung mit Techniken, die Dir sofortige Ergebnisse garantieren

Erleichtere die Hundeerziehung mit Techniken, die Dir sofortige Ergebnisse garantieren

Hunde lernen für ihr Leben gern. Der Familien- und Begleithund wartet geradezu darauf, beschäftigt zu werden und die allermeisten Hunde werden das Lernen dem Nichtstun vorziehen! Dabei ist die Bereitschaft zum Gehorsam, die Fähigkeit zur Konzentration sowie das Lerntalent nicht nur rassespezifisch, sondern auch von Tier zu Tier ganz unterschiedlich. Welpen haben noch ihre Schwierigkeiten sich zu konzentrieren und bei der Sache zu bleiben, während ältere Hunde schon etwas standhafter sein werden. Ob Du Deinen Hund nun von klein auf an erziehst oder Du ein Tier aus dem Heim hälst, egal ob Rüde oder Hündin: Dein Hund wird Dir dankbar sein, dass Du Dich mit ihm beschäftigst und ihm etwas beibringst. Je mehr der Hund lernt, desto einfacher wird ihm auch das weitere Lernen fallen und Eure Beziehung festigen. Besonders bei Hunden, die aufgrund negativer Vorleben nur schwer vertrauen können, ist Lernen und Beschäftigung eine ideale Möglichkeit, wieder einen Zugang zu seiner verletzten Seele zu finden.

So wirst Du zum idealen Trainer

Prinzipiell kann jeder Hund lernen und auch verblüffende Hundetricks vollführen, wobei er aber immer nur so gut sein wird, wie sein Mensch als Hundelehrer agiert. Oberste Prämisse ist Geduld und Vertrauen. Die meisten Fehler beim Hundetraining beruhen nämlich auf der Fehlinterpretation des Menschen durch den Hund. Wenn der Hund ein Kommando falsch ausführt, dann lag es weder daran, dass Dein Mops Dich ärgern wollte noch dass er dumm ist, sondern allein an Dir. Dein Hund beobachtet jede Deiner Bewegungungen und passt beispielsweise ein Sichtzeichen nicht 100%ig zum Hörzeichen, so muss der Hund sich entscheiden, welchen Trick er denn jetzt ausführen soll. Daher musst Du beim Training stets darauf achten, dass alle Sicht- und Hörkommandos zueinander passen. Ein guter Hundetrainer kann sich in die Seele des Hundes einfühlen und gezielt alle seine Sinne ansprechen, um ihm etwas beizubringen.

Über die Ohren nimmt der Hund entsprechende Hörzeichen auf, die Augen nehmen Bewegungen und Sichtzeichen wahr, die feine Nase ermöglicht das Arbeiten mit Duftmarken.

Clevere Hundetrainer wissen, dass es sinnvoll ist, vor allem auch mit der eigenen Körpersprache zu arbeiten und der Hund tatsächlich lieber Tricks ausführen wird, die über die Sichtzeichen gegeben werden (siehe Sichtkommandos „Sitz", „Platz" etc..) Wenn Du Deinem Mops also etwas vermitteln willst, nutze immer auch Deine Körpersprache zum Lernen und verknüpfe selbige mit dem entsprechenden Hörzeichen, denn Dein Hund ist ein exzellenter Beobachter.

Das passende Training für jeden Hund

Auch Du solltest Deinen Hund genau beobachten, welches Temperament legt er an den Tag? Ist er eher wild und ungestüm, oder mehr bedacht und gemütlich? Sucht Dein Hund Kontakt oder ist er eher reserviert? Mag er fremde Menschen nicht so sehr, wirst Du ihm mit Tricks, die eine Interaktion mit anderen Menschen erfordern, keine große Freude bereiten. Es gilt also stets abzuwägen, welcher Typ Hund Dein Mops ist und die unterschiedlichen Wesenszüge bei den entsprechenden Aufgaben unbedingt zu berücksichtigen. Es gibt immer Tricks, die dem einen Hund mehr liegen als dem anderen, schlussendlich ist es auch immer eine Frage seiner Begabung und seines Wesens, welche Aufgaben ihm besonders gut liegen und ihm eine außerordentliche Freude bei der Umsetzung bieten werden.

Doch eines haben Hunde alle gemein: Sie lieben Leckerchen und Du solltest Dir zum Vermitteln der einzelnen Tricks ein gewisses Portfolio an Leckereien zusammenstellen. Das bedeutet, dass Du für ganz besonders gute Lernerfolge ein besseres Leckerchen gibst als für Tricks, die er schon geübt hat und bei denen es vielleicht nur noch um die Perfektionierung geht. Gebe die ganz besonderen Gourmets wenn er es geschafft hat, eine schwierigere Lernhürde zu überwinden. Versuche nicht, Deinen Hund auszutricksen, indem Du „stinknormales" Trockenfutter als Belohnung einsetzt! Besorge Dir echte gute Leckerlies und achte darauf nur dann zu üben, bevor es die tägliche Fütterung gibt. Kein Training mit vollem Magen!
Besorge Dir also eine praktische Hüfttasche und überlege schonmal, was Du reinpackst.

Step by Step zum Lernerfolg

Das Ziel jeder Trainingseinheit wird es sein, das bereits Gelernte zu verbessern und Schritt-für-Schritt-Erfolge zu erzielen. Auch wenn Dein Mops irgendwann den einen oder anderen Trick beherrscht, sollte dieser regelmäßig geübt werden. Hier kannst Du irgendwann die Belohnung weglassen und nur noch verbal loben. Auch der Einsatz eines Clickers kann irgendwann Belohnung genug sein, vorausgesetzt, der Hund verbindet den Clicker bereits mit einer Belohnung in Form von Leckereien, dies werde ich noch später in diesem Buch erläutern.

Zu Beginn jedoch musst Du jeden Lernerfolg, jede Verbesserung mit einem ganz besonderen Leckerlie belohnen. Jede Motivation, jede Begeisterung die von Dir ausgeht, wird seinen Lernerfolg beschleunigen und besonders der Mops wird versuchen, Dir noch mehr zu gefallen und sich bemühen, den jeweiligen Trick gekonnt auszuführen. Und auch wenn der ein oder andere Hund vielleicht etwas begriffsstutzig ist, herumpfötelt und an Dir hochspringt, während Du versuchst, ihm etwas beizubringen gilt stets das Motto: „Nur Geduld! Mit der Zeit wird aus Gras Milch!"

Jeder untalentierte Hundetrainer wird mit Geduld seinem Hund mehr beibringen als der geschickteste Hundepflüsterer, der nicht beharrlich genug ist. Und ich weiß selbst aus Erfahrung: Lernerfolge bei jedem Hund können lang und mühselig sein. Doch irgendwann wird sich ein fulminantes Erfolgserlebnis einstellen und Dich und Dein Möpschen für die Ausdauer belohnen.

Wenn Du lobst, benutze stets Deine schönste und höchste Freustimme, setze auch stets denselben Tonfall ein, wenn Du Deine Hörzeichen gibst. Belohne stets zum richtigen Zeitpunkt, nie zu spät. Beginne nicht damit, erst nach Leckerlies zu suchen, wenn der Hund bereit ist für die Belohnung. Halte selbiges bereit, damit Du es sofort füttern kannst. Steht der Hund auf und Du gibst ihm das Leckerchen, würde er „das Aufstehen" mit der Belohnung assoziieren statt mit dem soeben erreichten Lernerfolg. Belohne auch kleine Lernerfolge! Immer! Hat er etwas ganz besonders gut gemacht, gebe auch mal etwas mehr von den delikateren Leckerlies!

Achte auch darauf, jede Trainingseinheit stets mit einem Erfolg zu beenden, lasse ihn also zum Ende hin eine leichte Übung machen, wenn ihr gerade an einem etwas schwereren Trick arbeitet den er vielleicht noch nicht so gut kann. Es ist wichtig, dass der Mops Erfolgserlebnisse hat, mit der er aus der Übung geht und die ihn motivieren weiterzumachen. Nehmt die Übungseinheiten täglich vor, aber überfordere den Mops nicht! Sorge dafür, dass er stets seinen Spass hat und beende die Übungseinheiten dann, wenn er noch unbedingt weitermachen will! Dies verankert das Lernen als etwas Positives im Mops-Gehirn. Benutze beim Üben auch keine Begriffe wie „Nein!", die sonst nur angewendet werden, wenn der Hund einmal ungezogen ist. Setze das Kommando „OK" ein, um ein Kommando aufzulösen (etwa bei „Sitz" oder „Platz").

Das Clicker-Training

Das Clicker-Training ist eine hoch effektive Methode, das Hunde-Training zu vereinfachen und zu beschleunigen. Mit jedem Klick verbindet der Hund eine Belohnung, und damit die Clicker-Methode funktioniert, muss dem Hund zu Beginn beigebracht werden, dass auf jeden Klick eine Belohnung folgt. Später reicht es aus, wenn man nur noch klickt ohne zu belohnen. Der Klick ist dann Lohn genug für den Hund. Dabei ist das Clicker-Training universell einsetzbar. Es eignet sich zur Grunderziehung, für Hunde-Tricks und selbst im Hundesport wird der Clicker erfolgreich angewendet. Wichtig zu wissen ist, dass das Training mit Clicker jede körperliche Einwirkung, jedes Lob oder Streicheln ausschließt. Die Devise heisst „Entweder Oder". Der Vorteil beim Klicken ist, dass Du sofort belohnen kannst. Schließlich kannst Du schneller klicken, als ein Leckerlie aus der Tasche zu zaubern. Außerdem vermeidest Du Missverständnisse, die aufgrund der hündlichen Fehlinterpretation auftreten können. Der Hund erhält stets das unmissverständliche Signal: „Klick=Belohnung". Nicht mehr, nicht weniger.

Wie es funktioniert

Das Verhalten wird von seinen Konsequenzen bestimmt. Diese Regel gilt nicht nur für den Hund, sondern auch für den Mensch und stellt einen wichtigen Aspekt des sozialen Zusammenlebens dar. Belohnst Du also das Verhalten des Mops, wird Dein Hund versuchen, diesen Erfolg zu wiederholen. Als Lohn erhält das Tier Leckerlies oder ein Spiel. Der Trick dabei ist das zeitliche Zusammenspiel von Verhalten und Belohnung.

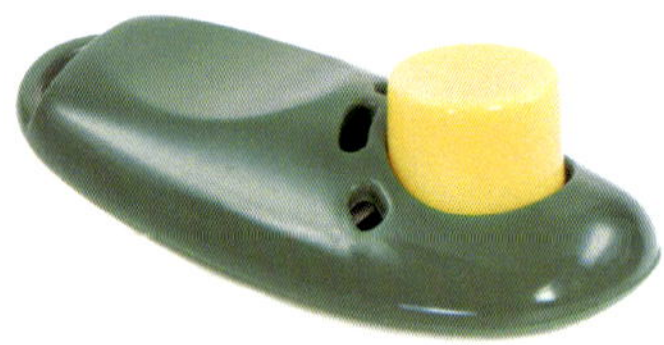

Der Clicker ist ein präzises Werkzeug im Hundetraining

Dauert dieses Zusammenspiel länger als 1 Sekunde, hat der Hund vergessen, wofür er überhaupt belohnt wird. Das kann Dir beim Clicker nicht passieren. Augenblicklich hast Du die Chance, dem Hund via Click mitzuteilen, dass sein Verhalten soeben außerordentlich erwünscht war und er begreift sofort.

Willst Du dem Mops beispielsweise das Anspringen abgewöhnen, erwischt Du mit dem Klicker präzise den Moment, an dem er mal ruhig sitzt. Der Mops weiß sofort: Gut gemacht, jetzt gibt's Belohnung. Doch woher soll der Mops nun wissen, dass der Klick „Belohnung" bedeutet? Zu Beginn des Trainings mit Clicker kann er dies noch nicht wissen, daher ist es nötig, das Klicken mit „Belohnung" zu verbinden. Du betätigst also den Clicker und gibst danach sofort die Belohnung. Das übst Du nun 20-30 Mal täglich an 2 Tagen. Es geht bei dieser Übung nur darum, die Verknüpfung herzustellen „Klick=Belohnung". Es macht keinen Sinn, bei der Clicker-Konditionierung andere Übungen wie „Sitz", „Platz" oder andere Kunststückchen beizubringen. Der Klick erfolgt am Anfang also „nur so", darauf sofort Belohnung. Während also später der Clicker dazu genutzt wird, andere Übungen schneller umzusetzen, ist zu Beginn der Clicker an sich Übung genug. Steht die Verknüpfung, kannst Du mit den eigentlichen Übungen fortfahren. Statt zu loben, wenn der Mops z.B. „Sitz" richtig ausgeführt hat, klickst Du 1x und gibst die Belohnung. Irgendwann klickst Du nur noch und kannst die Leckerchen weglassen.

Was ist ein Clicker?

Ein Klicker ist im Grunde anderes als ein Knackfrosch. Du erhälst ihn in jedem Tierfachgeschäft.

Pfote geben

Dieser Trick wird besonders bei Deinen Gästen Eindruck schinden. Ziel dieser Übung ist es, dass der Mops dem Gast die Pfote reicht.

1.Gib das Kommando „Sitz" (S.56).
2.Halte die geschlossene Hand mit Leckerlie dicht über dem Boden, während Du vor dem sitzenden Mops hockst.
3.Bringe den Mops dazu, nach Deiner Hand zu pföteln, in der sich die Belohnung befindet. Stupse sie mit der Hand an, falls der Mops nur schnuppert und die Pfote nicht von allein hebt.
4.Hebe dabei die Hand immer höher.
5.Folgt seine Pfote dabei Deiner hebenden Hand, sage „Pfote" und gebe ihm das Leckerlie.

Beherrscht der Mops den Trick, beginne damit, Sichtzeichen einzusetzen.

1.Stehe vor dem Mops.
2.Halte Deine linke Hand, in der sich das Leckerchen befindet, geschlossen hinter Deinem Rücken.
3.Die leere rechte Hand hälst Du dabei in Richtung Mops ausgestreckt. Mache dabei das Sichtzeichen (Abbildung).
4.Sage „Pfote".
5.Beginnt der Mops damit, nach Deiner ausgestreckten Hand zu pföteln, reiche ihm das Leckerlie.

Diesen Trick kannst Du auch ideal mit Clicker trainieren. Sobald der Mops die gewünschte Tätigkeit ausübt (in diesem Fall die Pfote heben), klicke und überreiche sofort die Belohnung.

Tipp:

Du solltest diesen Trick nicht öfter als 10x pro Tag üben. Selbst wenn der Hund weitermachen möchte, beende die Übung.

Wie immer wichtig:
Beende das Training stets mit einem Erfolgserlebnis. Falls nötig, setze dazu auch eine Übung ein, die der Mops bereits beherrscht.

Das Sichtzeichen „Pfote"

Männchen machen

Ziel ist es, dass der Mops Männchen macht. Diese Übung eignet sich hervorragend für kleinere Hunde mit kurzem Rücken, wie der Mops einer ist. Größere Hunde könnten Schwierigkeiten haben, das Kommando auszuführen, da sie dabei die Balance halten müssen.
Für diese Übung kannst Du eine Leine einsetzen, mit der Du dem Mops sanft in die gewünschte Position bringst. Du darfst den Mops aber auf keinen Fall an der Leine hochziehen! Befehl:"Männchen".

1.Beginne in der Position „Sitz" .
2.Zeige dem Mops das Futter in Deiner Hand und halte es vor seine Nase.
3.Führe nun die Hand langsam nach oben.
4.Hilf dem Mops mit der Leine, die Balance zu halten.

Du musst Verständnis haben, dass der Mops zum Beginn Eurer Übung versuchen wird, seine Pfoten aufzusetzen. Verlängere das Aufsetzen pro Trainingseinheit stets nur um wenige Sekunden. Diese Übung ist unnatürlich und der Hund muss erst begreifen, dass er seine Vorderpfoten nicht benötigt, um die Balance zu halten. Das Sichtzeichen ist hier die mit Futter gefüllte Hand, die Du nach oben bewegst. Beim Senken setzt der Mops die Pfoten wieder ab.

Tipp:

Du kannst 2 weitere Varianten einsetzen, um dem Hund das Männchen beizubringen.

1.Variante:
Du setzt den Hund in eine Zimmerecke und hilfst ihm dabei auf die Keulen. Durch die Rückenstütze erfährt der Mops mehr Sicherheit.

2.Variante:
Du stellst Dich direkt hinter den Hund und gibst ihm „Rückendeckung". Dabei nutzt Du sanft die Leine + Leckerlie, um den Mops in die Position „Männchen" zu bringen.

Es gibt Hunde, denen diese Übung relativ leicht fällt. Andere wiederum tun sich etwas schwer. Jeder Trick benötigt etwa 200 Wiederholungen, bis alles klappt. Schwierige Übungen benötigen sogar noch mehr. Tägliche Übungen machen Spaß, dürfen aber niemals übertrieben werden.

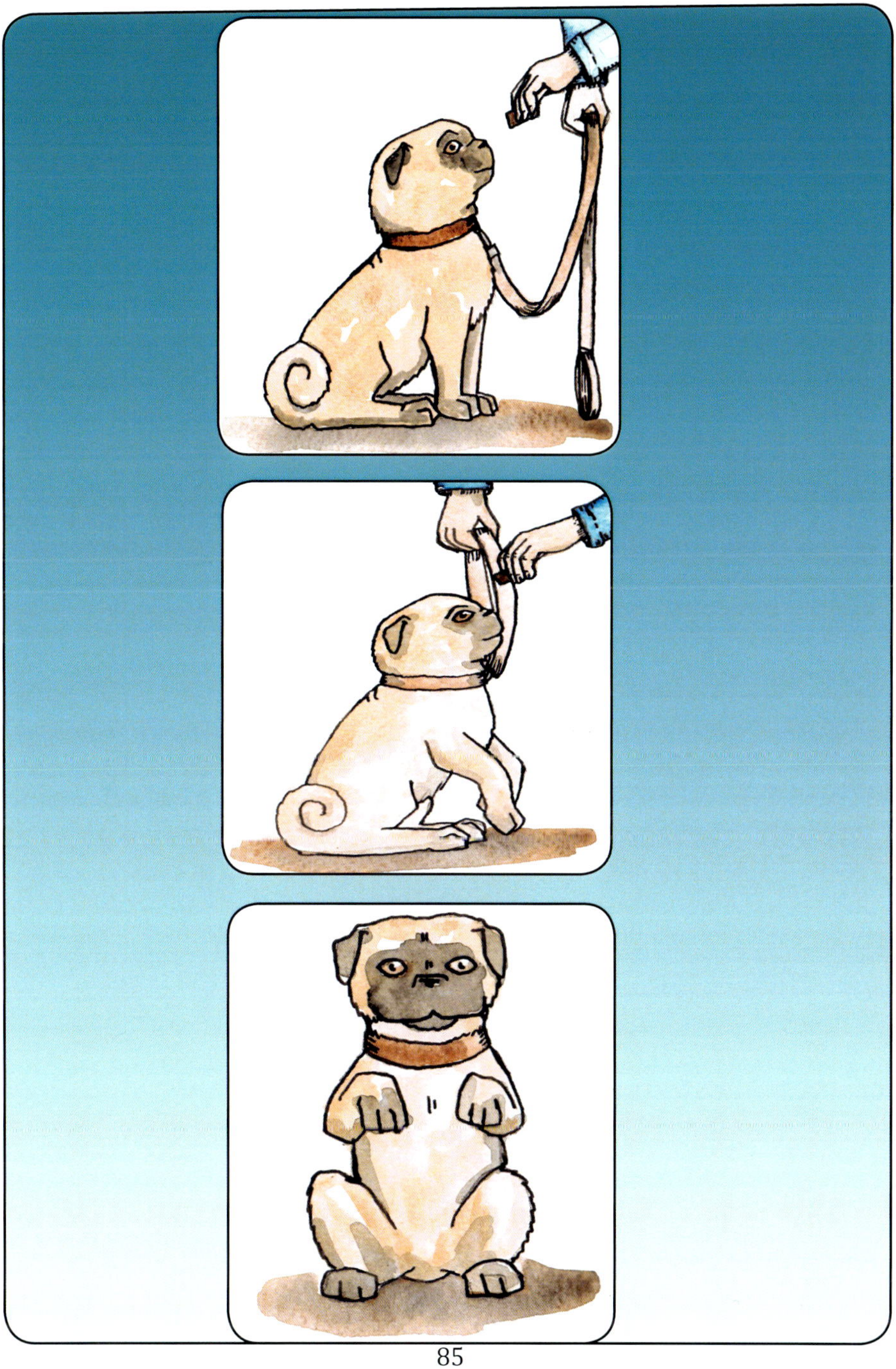

Das Apportieren

Besonders beim Apportieren ist Deine Geduld und Ausdauer gefragt. Es gibt Hunde, die gerne Dinge ins Maul nehmen und herumtragen. Andere sind damit etwas zurückhaltender. Auch hier gilt es, das Wesen des Hundes zu kennen und die Übung darauf anzupassen. Aber die Vielfalt an Tricks, die sich durch das Apportieren ergeben, macht ein geduldiges und ruhiges Training lohnenswert. Übe zu Beginn mit nur einer Sache, z.B. einer zusammengerollten Zeitschrift. Bleibe dabei, bis der Hund alle Schritte des Apportierens beherrscht.

1. Der erste Schritt besteht lediglich darin, dem Mops das Bringsel interessant zu machen. Ziel ist es, dass der Hund den Gegenstand ins Maul nimmt und kurz behält. Hierzu musst Du es schaffen, den Hund neugierig zu machen. Tue dabei geheimnisvoll, verstecke das Bringsel hinter Deinem Rücken usw. Hast Du es geschafft, sein Interesse zu wecken musst Du versuchen, Deinen Mops zu animieren, den Gegenstand ins Maul zu nehmen. Es macht Sinn, wenn Du dabei eine Hand unter seinen Unterkiefer hälst und dabei das Kommando „Bring Halten" sagst. Streichle dabei sanft seinen Kopf.

2. Du musst es schaffen, Deine Hand nun immer länger vom Unterkiefer wegzunehmen. Gebe dabei das Kommando „Bring Halten".

Es kann durchaus sein, dass Du für diese Übung mehrere Wochen bei täglicher Übung aufbringen musst. Neigt der Mops dazu, den Gegenstand immer wieder fallenzulassen, ermuntere ihn erneut und lobe bei Erfolg.

3. Nun geht es darum, dass der Hund das Bringsel trägt. Voraussetzung jedoch ist, dass der Mops die Sache mindestens 30 Sekunden im Maul behält.
Sage dem angeleinten Mops hierzu „Sitz" und gebe ihm das Bringsel ins Maul. Trete einige Schritte zurück und sage „Komm". Da der Mops versuchen wird, den Gegenstand nun abzulegen, musst Du erneut die Hand unter seinen Kiefer halten. Lasse den Mops wieder absitzen wenn er einige Schritte gegangen ist. Der Mops soll das Bringsel noch ein bisschen im Maul behalten, bevor Du das Kommando „Aus" gibst. Vergiss das Loben nicht!

4. Nun geht es daran, dass der Hund die Sache bringt. Leine und Hand spielen nun keine Rolle mehr. Während der Hund sitzt, gebe ihm mit Befehl „Bring Halten" das Bringsel. Trete zurück und sage „Bring". Der

Mops soll nun die Sache bringen. Korrigiere den Hund, sollte er das Bringsel unterwegs fallenlassen. Verliere nicht die Geduld, es kann mehrere Wochen dauern, bis der Mops das Bringen beherrscht.

5. Dies wird der schwierigste Schritt in dieser Übung. Der Mops soll nämlich das Bringsel selbstständig vom Boden aufnehmen. Lege das Bringsel zunächst dazu auf eine Erhöhung wie eine Kiste oder einen kleinen Hocker bevor Du es nun gänzlich auf den Boden legst. Der Mops sollte stets an das Bringsel herankommen. Lege es also nicht zu hoch. Gib das Kommando „Bring“, damit der Mops apportiert. Nur Mut, Übung macht den Meister!

Alternativer Lern-Tipp:

1. Zeige dem Mops, wie Du ein Leckerchen in einen aufgeschnittenen Ball steckst.

2. Wirf den Ball fort und sage „Bring“.

3. Da der Mops an das Leckerlie will, jedoch nicht herankommt, wird er Dir den Ball bringen.

4. Gebe ihm das Leckerlie.

Die einzelnen Schritte:

1. Ins Maul nehmen und halten (mit unterstützender Hand)

2. Im Maul behalten (ohne Hand)

3. Das Bringsel tragen (mind.30 Sekunden)

4. Die Sache bringen

5. Selbstständiges Aufnehmen

Hinweis:
Diese Übung erfordert viel Geduld und Übung, doch der Erfolg wird Euch belohnen!

Etwas bringen (Apportieren)

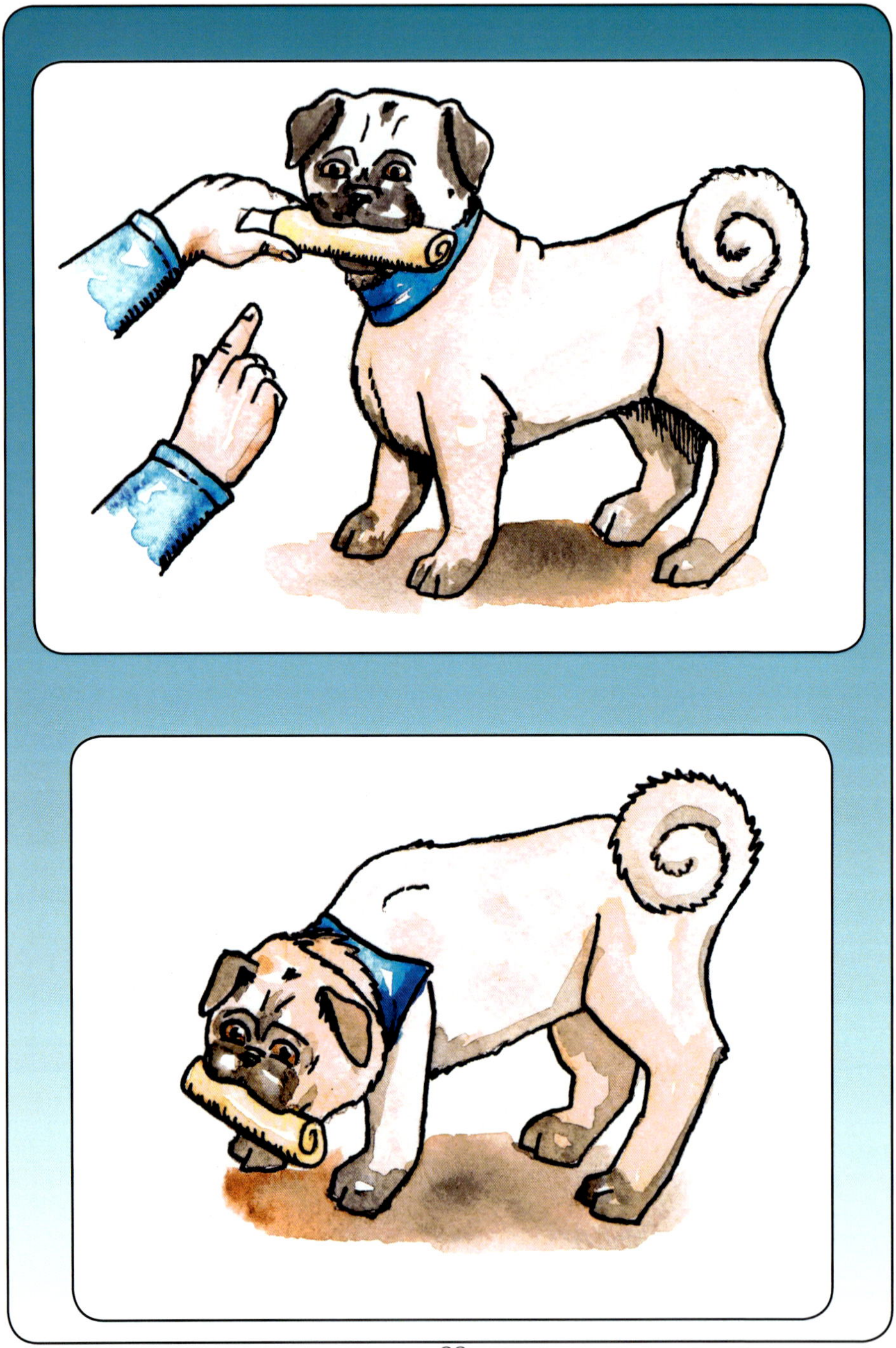

Wäre es nicht toll, wenn Dein Mops auf Befehl alle seine Sachen zusammensuchen und brav in ein Körbchen legen könnte? Er kann! Wie es funktioniert, zeige ich Dir in dieser Übung. Sie baut auf dem Apportieren auf. Der Mops soll nun lernen, Dinge in ein Körbchen zu legen. Hier kannst Du mit einem einfachen Gegenstand, vielleicht einem Stöckchen, beginnen.

1. Lasse den Stock apportieren.

2. Der Mops soll den Stock vor Deine Füsse legen. Gebe den Befehl „Aus" und belohne mit einem Leckerlie.

3. Du kannst dem Mops helfen, indem Du das Bringsel sanft aus seinem Maul schiebst. Übt solange, bis der Hund von allein ablässt. Sage dabei „Aus".

4. Der nächste Schritt ist, dass der Mops das Apportierte in den Korb legt. Stelle dazu ein Körbchen neben Dich und gebe das Zeichen „Aus". In diesem Moment begreift der Mops noch nicht, dass er seine Beute in den Korb legen soll, diese Verknüpfung müssen wir erst „installieren". Hat er nun das Körbchen registriert, weise ihn mit einer Handbewegung zum Körbchen und sage „Aus". Dort liegt bereits ein Leckerchen im Korb, das er aufnehmen kann, sobald er das Stöckchen wie gewollt in das Körbchen gelegt hat. Während er genau den Befehl ausführt, sagst Du „Aufräumen". Pass auf, dass der Mops erst die Belohnung nimmt, wenn er den Gegenstand richtig abgelegt hat.

Tipp:

Du hast gelernt, dass Du für spezielle Tricks Belohnungs-Leckerlie gezielt einsetzen kannst. Füttere also nicht nur aus der Hand, sondern platziere sie an den Stellen, an denen ein Befehl ausgeführt werden soll.

Wäre es nicht toll, wenn man einen Mops hätte, der auf Kommando gewünschte Gegenstände sucht, findet und Dir diese bringt? Dies könnten Schuhe, Schlüssel oder die Fernbedienung Deines Fernsehers sein. Verknüpfe als den jeweiligen Gegenstand mit dem Befehl „Bring", (*S.87 Alternativer Lern-Tipp*) z.B. „**Bring** Schuhe"!

Schuhe finden

1. Zeige dem Mops einen Deiner Schuhe und lasse ihn schnuppern.
2. Lege den Schuh vor ihn hin.
3. Gib den Befehl „**Bring** Schuhe"!
4. Belohne oder klicke sofort, wenn der Mops den Schuh gebracht hat. Bringt er einen anderen Gegenstand, schicke ihn erneut auf die Suche.
5. Verstecke die Schuhe auch mal an einem anderen Ort in der Wohnung und lasse ihn suchen.

Leine holen

1. Wenn Ihr Gassi geht, benutze oft das Wort „**Leine**", wenn Du ihn festmachst. Zu Beginn wirf die Leine in den Raum und gebe den Befehl „**Bring** Leine" (*S.86*).

2. Holt der Mops die Leine, gehe zur Belohnung sofort gassi.

3. Hänge die Leine nicht zu hoch, damit der Mops leichten Zugang hat.

Achtung:

Hängt die Leine an einem Haken kann es passieren, dass sich der Kleine darin aufhängt. Probierst Du also diesen Trick, gewöhne es Dir an, die Leine lose an einen bestimmten Ort zu legen.

Schlüssel finden

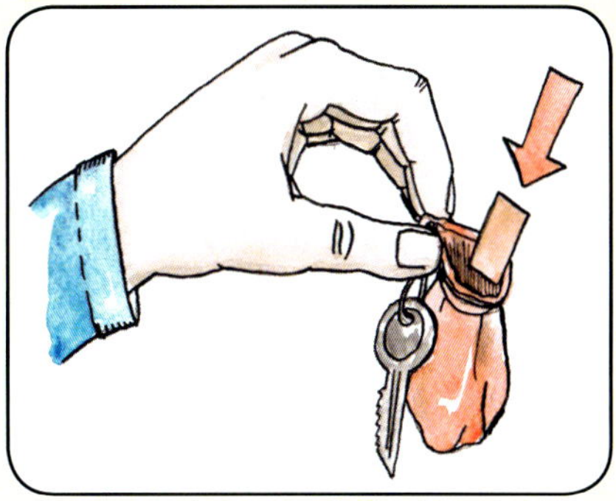

Ziel ist es, dass der Mops den Schlüsselbund sucht, findet und Dir selbigen bringt.

1. Befestige ein kleines Beutelchen mit Leckerchen an Deinem Schlüssel. Werfe den Schlüssel und gebe den Befehl „**Bring** Schlüssel!" Bringt er Dir den Schlüssel zurück, öffne das Beutelchen und belohne ihn sogleich mit dem Leckerlie.

2. Verstecke nun die Schlüssel an einem anderen Ort und animiere den Mops dazu, nach dem Schlüssel zu suchen. Belohne sofort und vergiss das Kommando „**Bring** Schlüssel!" nicht.

3. Irgendwann lässt Du die Leckerchen im Beutel weg und lässt nur noch den Schlüssel suchen. Diesen Trick kannst Du auch auf andere Dinge anwenden, wie beispielsweise Handy oder Fernbedienung. Achte beim Üben jedoch darauf, dass diese härteren Gegenstände mit etwas Abdeckband oder einem Tuch verpackt sind. Nutze dabei z.B. den Befehl „**Nimm** Handy" (S.99), um ihn mit dem Gegenstand vertraut zu machen. Belohne Mops, nachdem er Dir das Telefon auf Dein **„Aus!"** abgibt. Später legst Du das Handy auf einen flachen Tisch oder Hocker und sagst „**Bring** Handy!".

Ins Körbchen gehen

Während andere Halter vergeblich versuchen, ihren Hund ins Körbchen zu schicken, kannst Du Dich eines einfachen Tricks bedienen. Dieser macht sich besonders zu den Schlafenszeiten bezahlt. Auf Kommando „**Ins Körbchen**“ legt sich der Mops ins selbige zur Nachtruhe.

Und so geht's:

1. Lege Leckerlies in sein Körbchen.

2. Untersucht der Mops seine Schlafstätte, gebe weitere Leckerlies hinein und lobe ihn mit „**Ins Körbchen**“.

3. Später gibst Du das Kommando „**Körbchen**“, aber ohne Leckerchen. Geht er sodann ins Körbchen, gibst Du ihm ein Leckerlie und lobst ihn ausgiebig.

Tipp:
Gestalte das Hunde-Körbchen so gemütlich wie möglich. Saubere, leicht zu reinigende Decken sind für den Mops meist Grund genug, sich darauf zu betten. Auf das Schlafen in Deinem Bett sollte der Mops verzichten.

Der rollende Mops

Ziel dieser Übung ist es, dass der Mops eine Rolle macht. Er dreht sich von der Seite auf den Rücken. Und so geht's:

1.Bring den Mops ins „**Platz**". (S.58) Knie Dich vor ihm hin, während Du ihm ein Leckerlie vor die Schnauze hälst.

2.Führe das Leckerlie in Richtung seines Schulterblattes, während Du das Kommando „**Mach Rolle**" gibst. Dreht sich der Mops, gebe ihm seine Belohnung und lobe.

3.Der nächste Schritt dieser Übung ist die weiterführende Handbewegung von der Schulter in Richtung Wirbelsaule.

4.Hat der Mops sich komplett gedreht, belohne ihn mit dem Leckerlie.

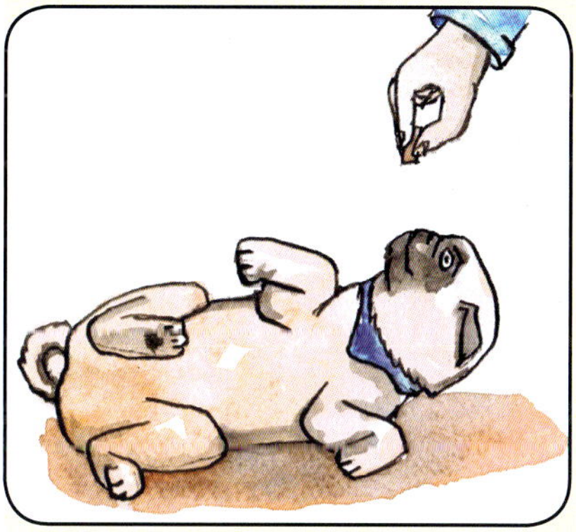

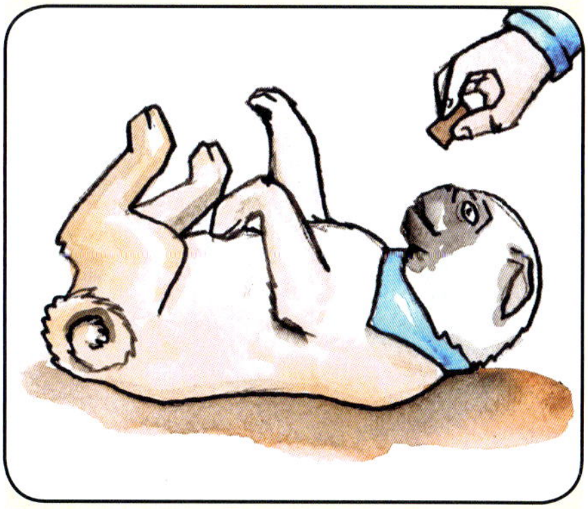

Hinweis:

Rolle den Mops nicht durch direkte körperliche Einwirkung. Koordiniere stattdessen Deine Handbewegung besser. Macht er die Rolle nicht komplett, drücke sanft seine Vorderläufe in die korrekte Richtung. Übe nicht direkt nach der Fütterung, sondern warte mindestens 4 Stunden!

Der „tote“ Mops

Zugegeben ein eher sinnfreier Trick. Trotzdem sorgt diese Show-Einlage bestimmt für herzhafte Lacher!
Der Mops rollt sich auf den Rücken, während er seine Beine in die Luft streckt. Der Mops verharrt in seiner Position, bis das Kommando mit „Hopp“ wieder aufgelöst wird. Am besten ist es, wenn Du diesen Trick übst, wenn der Mops seinen Auslauf hatte und schon etwas k.o. ist. Und so geht‘s:

1. Bring den Mops ins „**Platz**“. (S.58) Knie Dich vor ihm hin, halte ein Leckerlie an seinen Kopf und führe es wie bei Übung „Rolle“ in Richtung Schulterblatt, bis der Mops sich dreht.

2. Hilf ihm am Rumpf nach, bis der Mops komplett auf dem Rücken liegt. Sage „**Peng!**“, während Du seinen Bauch kraulst und ihm sein Leckerlie fütterst.

3. Nun soll es der Mops schaffen, nur mithilfe des Leckerlies von allein und ohne Deine Hilfe in die Rückenlage zu kommen. Schafft er es, halte ihn sanft an der Brust, damit er lernt diese eher unnatürliche Rückenlage beizubehalten. Vergiß nicht das Kommando „**Peng!**“

4. Später verknüpfst Du das Kommando mit dem Sichtzeichen (Abbildung) und dem Hörzeichen „Peng!“.

Tipp:

Dein Hund muss „Rolle“ (S.95) und „Platz“ (S.58) beherrschen. Wenn Du der Meinung bist, dass das Sichtzeichen unangebracht ist, denke Dir ein anderes aus. Auch das Hörzeichen „Peng!“ kannst Du nach Belieben variieren.

Gib Laut

Ziel ist es, den Mops auf Kommando zum Bellen zu animieren. Beobachte das Verhalten des Mops und nutze Auslöser, die den Mops zum Bellen bringen, für diese Übung. Dies kann beispielsweise die Türklingel sein oder sein Lieblingsspielzeug.

Übung mit Spielzeug:

1. Sage „**Gib Laut**" und zeige dem Mops sein Lieblingsspielzeug.

2. Beginnt er zu bellen, gib ihm ein Leckerlie als Belohnung.

3. Wiederhole diese Übung einige Male.

4. Sage „**Gib Laut**", ohne das Spielzeug miteinzubeziehen.

5. Pariert der Mops, belohne ihn. Tut er es nicht, wiederhole Punkt 1-3.

6. Nutze später das entsprechende Sichtzeichen (Abbildung) sowie das Hörzeichen „**Gib Laut**".

Tipp:

Belohne nur, wenn Mops auf Dein Kommando bellt. Ansonsten kann es passieren, dass der Mops immer dann Laut gibt, wenn er etwas möchte.

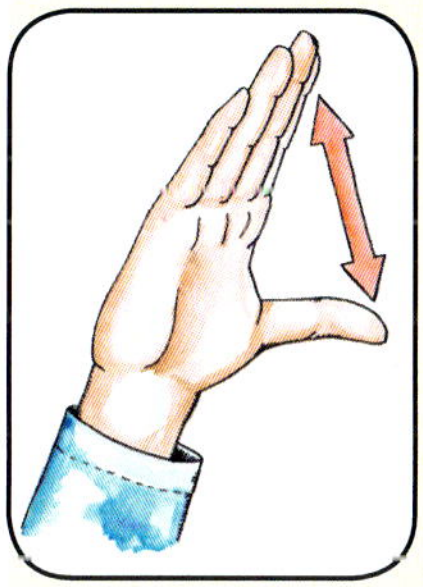

Kommando „Nimm!“

Ziel ist es, dass der Mops einen sich in seiner Nähe befindlichen Gegenstand aufnimmt.

1. Gebe dem Mops sein Lieblingsspielzeug und nutze dabei das Hör-Kommando „**Nimm**“.

2. Nach wenigen Sekunden nimmst Du es ihm ab („Aus!“) und gibst sofort Leckerlie.

3. Verlängere den Zeitraum, in dem der Mops das Spielzeug im Maul behält.

4. Belohne nicht, wenn er das Bringsel von allein fallen lässt, **sondern nur dann**, wenn Du es ihm abnimmst.

Tasche tragen

Für diesen Trick muss der Mops das „**Nimm**“ beherrschen. Ziel soll es sein, dass der Mops Deine Tasche trägt. Gib Acht, dass diese nicht zu groß und zu schwer für den kleinen Mops ist.

1. Fülle einige Leckerlies in Deine Tasche. Achte darauf, dass das Futter sicher verwahrt ist.

2. Mit dem Kommando „**Nimm!**“ übergibst Du Mops die Tasche.

3. Sage „**Trag Tasche**“, klopfe Dir ans Bein und gehe los. Der Mops soll Dir folgen und dabei die Tasche tragen. Lässt er sie fallen, gib erneut Kommando „**Nimm**“. Möchte Mops nicht weiter tragen, überlege, ob die Tasche zu schwer sein könnte oder sich Dinge darin befinden, die der Mops nicht „riechen“ kann. Ist dies ausgeschlossen, sage erneut „**Nimm**“.

4. Sobald Du die Tasche entgegennimmst, belohnst Du mit Leckerlies aus der Tasche. Diese Übung eignet sich auch hervorragend für die Arbeit mit Clicker.

Tasche tragen

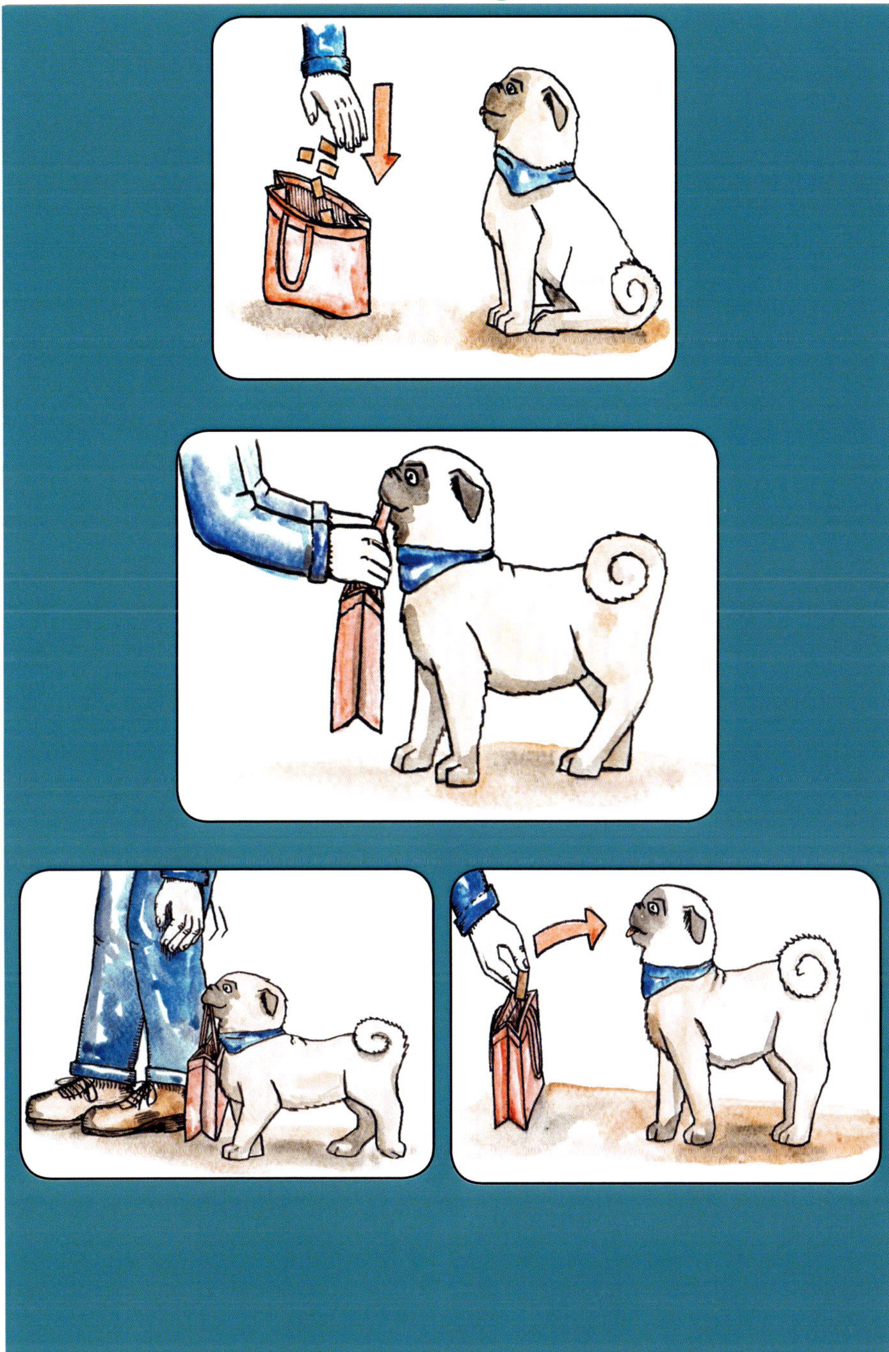

Der „singende“ Mops

Nicht jeder Hund ist ein Gesangstalent. Diese Aussage trifft auf jede Hunderasse zu, die es gibt. Sei also nicht enttäuscht und schon gar nicht sauer, falls dieser Trick nicht so klappt wie gewünscht. Mit dem richtigen Hund und dem richtigen Ausgangston ist diese Übung jedoch wirklich lustig und gar nicht schwer. Jedoch kann das Beibringen dieses Tricks einige Ausdauer erfordern, bis eine Verknüpfung zustande kommt.

Wie ein Wolf heulen

Du wirst sicherlich einige Geräusch-Quellen probieren müssen, um Deinen Mops zum „Singen“ zu animieren. Hierzu eignen sich insbesondere Flöten oder Feuersirenen, die auslösend wirken können. Aber auch Deine eigene Stimme kann den Mops animieren, lauthals mitzuheulen. Versuche mal das „Hohe C“ und schaue wie der Mops reagiert. Sollte dies nur wenig Eindruck schinden, besorge Dir ein Kindermegaphon mit eingebauter Sirene. Achte aber darauf, dass Du die Geräuschquelle nicht zu nah am Hunde-Ohr positionierst. Funktioniert der Trick, wird der Mops seinen Kopf in den Nacken legen und voller Inbrunst anfangen zu singen. Der Applaus ist garantiert auf Eurer Seite!

Möpschen schäm dich

Diese Übung ist leicht, erfordert aber ein wenig Ausdauer und Geduld. Nutze dazu das natürliche Verhalten des Hundes, sich die Schnauze zu pföteln, sobald etwas an ihrer Schnauze klebt.

1. Schneide dazu ein 3-5 cm langes, nicht zu stark klebendes, Klebeband zurecht und befestige selbiges seitlich an der Schnauze des Hundes. Der Streifen darf nur so stark kleben, dass der Mops diesen mit einem Pfotenwisch wegmachen kann.

2. Sobald nun der Mops seine Pfote über die Schnauze fährt, sagst Du das Kommando „**Schäm Dich**“.

3. Das entsprechende Sichtzeichen könnte so aussehen wie abgebildet. Belohne jedes Bestreben des Hundes, den Streifen loszuwerden mit einem Leckerchen und Lob. Vergesse keinesfalls das zu assoziierende Hörzeichen „**Schäm Dich!**" jedesmal, wenn der Mops sich mit der Pfote über die Schnauze wischt.

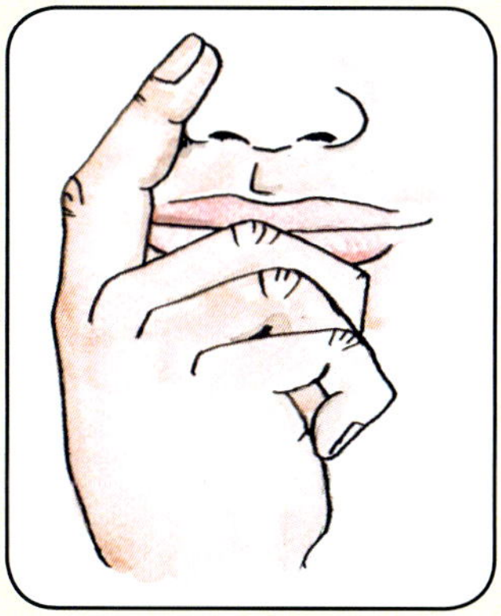

Auf Kommando wischen

4. Während der Hund bei der Verknüpfung nur wischen soll, geht es nun darum, auf Dein Kommando zu warten, bevor der Mops zu wischen beginnt. Hindere den Mops durch ein bestimmtes „**Nein**" daran, sich den Streifen wegzuwischen. Erst wenn Du das Kommando „**Schäm Dich!**" gibst, darf er beginnen sich an der Nase zu pföteln.

5. Dafür gehst Du dazu über, den Streifen etwas fester an der Schnauze zu befestigen, sodass der Mops den Störfaktor nicht mehr mit nur einem Wisch entfernen kann. Nun gibst Du bei jedem Versuch das Kommando „**Schäm Dich!**". Nach einigen Wochen Übung benötigt der Mops den Klebestreifen nicht mehr und er wird nur beim Kommando „**Schäm Dich!**" oder dem entsprechenden Sichtzeichen die gewünschte Aktion ausführen.

Hinweis:

Bei manchen Hunden kann allein das Registrieren des Klebebandes einen fluchtartigen Reflex auslösen. Bemerkst Du, dass Dein Mops diesen Trick absolut nicht mag, beende die Übung und lehre etwas anderes. Vergiss nie, dass das Üben stets mit einem gewissen Spaßfaktor verknüpft sein muss. Beende stets mit einem Erfolgserlebnis.

Der Mops als Spürhund

Diese Übung eignet sich perfekt für Kinder. Der Mops soll eine „verloren gegangene“ Person aufspüren. Für diesen Trick benötigst Du für den Anfang einen Helfer, den der Mops kennt.

1. Macht einen Spaziergang an der frischen Luft. Der Mops muss dazu angeleint sein. Der Assistent wird mit Leckerlies ausgestattet.

2. Es ist nun an Deinem Assistenten, sich durch Zeigen des Leckerlie besonders interessant für den Mops zu machen, um sich kurze Zeit später äußerst leise in einer Entfernung von ca 15 Metern hinter einer Baumreihe, Hecke oder Hauswand zu verstecken.

3. Sobald Dein Helfer außer Sichtweite ist, leinst Du Deinen Mops ab und gibst das Kommando „**Such!**“. Da der Mops sich erinnert, wo er die andere Person hat verschwinden sehen, wird er genau dahin laufen um bei Auffinden (was ja jetzt noch nicht sonderlich schwer sein dürfte) mit einem saftigen Leckerchen belohnt zu werden, den der Gesuchte bereits in der Hand halten sollte.

Die Spürnase einsetzen

4. Nun soll es einen Schritt weitergehen. Der Hund soll nun mithilfe seines feinen Geruchssinn die gesuchte Person auffinden.

5. Das Versteck kann nun ruhig etwas komplizierter sein. Achtet jedoch darauf, dass Ihr „gegen den Wind“ arbeitet und dass sich der Gesuchte in seinem Versteck absolut ruhig verhält, damit der Mops sich nicht mehr nur auf sein Gehör verlässt, sondern seine Spürnase benutzt.

6. Lasse den Mops mit einem „**Such!**“ von der Leine und warte ab, was passiert. Je komplizierter das Versteck, desto länger wird der Mops brauchen, um direkt ans Ziel zu kommen. Wird die Witterung stärker, beginnt der Mops schneller zu laufen und zu schnüffeln. Die Belohnung bei Auffinden sollte direkt erfolgen.

7. Hat der Mops diese Übung verinnerlicht, kann man selbige auch mit fremden Personen durchführen. Diese sollten für den Anfang mit Leckerlies ausgestattet sein.
Leine los und „**Such!**“.

Mit diesem Trick wird Dein Mops die Lacher garantiert auf seiner Seite haben und sein Publikum wird sich fragen: Wie macht er das nur?
Ziel dieser Übung wird es sein, dass sich der Mops auf Kommando „**Versteck dich**" hinter einem beliebigen Gegenstand versteckt.
Spielt Dein Mops gerne Apportieren? Umso besser, denn für diesen Trick eignen sich spielfreudige Hunde am besten.

1. Bringe den Mops in Laune, indem Du ihn Apportieren lässt.

2. Ist der Mops in Stimmung, funktioniere einen bestimmten Gegenstand zum Versteck um. Dies kann ein großer Karton sein oder eine abgerückte Kommode.

3. Zeige dem Mops ein Leckerlie, sage „**Versteck Dich**" und wirf das Leckerchen hinter die Kommode.

4. Läuft der Mops nun hinter das Versteck um sein Fresschen zu nehmen, belohne ihn und zeige ihm sofort wieder sein Bringsel vom anfänglichen Apport. Wirf es weg und sage „**Bring!**" Denn bei diesem Trick ist das Apport-Spiel die Belohnung. Das Leckerchen dient lediglich dazu, dem Hund sein Versteck zu zeigen.

5. Führe diese Übung einige Male durch und lasse im nächsten Schritt die Leckerlies weg. Sage nun nur noch „**Versteck Dich!**" und zeige dabei auf sein Versteck. Versteht der Mops nicht sofort, gehe auf ihn zu und zeige dabei auf sein Versteck. Sage dabei immer wieder das Kommando.

6. Hat er es geschafft, belohne ihn sofort mit seinem Spielzeug.

7. Klappt der Trick mit der Kommode, weite das Ganze mit anderen Verstecken aus, beispielsweise einem Baum oder einer Hecke.

Tipp:

Anstatt mit einem Spiel, kannst Du auch mit einem Klicker belohnen! Stelle vorher sicher, dass die Verknüpfung „Click=Belohnung" bereits beim Mops gespeichert ist.

Hierbei soll der Mops wie eine kleine Robbe „robben“, d.h. auf dem Boden kriechen. Diese Übung solltest Du auf einer längeren Matte oder idealerweise auf einem Teppich üben.

1. Bringe den Mops ins „**Platz**“ (S.58)

2. Knie Dich vor den Mops. Der Hund bleibt im „Platz“. Halte ihm ein Leckerchen dicht an die Nase.

3. Sage in einem langgezogenen Ton „**Kriech**“ und ziehe das Leckerchen direkt vor seiner Nase ganz langsam nach hinten. Der Mops bleibt im „Platz“, während er beginnt zu robben.

4. Der Mops folgt kriechend Deiner Hand. Sage stets „**Kriech**“ dabei. Bewege die Hand nur nicht zu schnell, für den Erfolg dieser Übung ist das richtige Tempo der Handführung entscheidend. Steht der Mops am Anfang auf, bringe ihn stets wieder ins „Platz“.

5. Irgendwann reicht das Kommando „Kriech“ und der Mops beginnt zu robben.
Habe ein wenig Geduld und der Erfolg ist Euch sicher!

Falls Du Deinen Mops mit ins Büro nimmst, ist die folgende Übung ideal für ihn. Ziel soll es sein, dass der Mops Altpapier, das sich auf dem Boden befindet, brav aufnimmt und in eine Kiste legt. Dieser Trick funktioniert auch sehr gut mit Clicker. Voraussetzung für diese Übung ist, dass der Mops bereits das Apportieren beherrscht. (S.86)

1. Stelle einen offenen Karton oder eine Kiste neben Dich. Achte darauf, dass die Größe des Behältnis der des Hundes entspricht. Er sollte also ohne Probleme hineingucken können. Wärmt Euch nun mit einem „Bring"-Spiel auf, indem Du zerknülltes Papier vom Mops apportieren lässt.

2. Setze Dich nun direkt vor die Kiste. In dem Moment, in dem Dir der Mops das Bringsel übergeben will, ziehst Du Deine Hand schnell fort und lässt das Papier in die Kiste fallen. Sage dabei das Kommando „**Papier!**". Im Moment des Fallenlassens clicke oder belohne mit Leckerlie.

3. Klappt diese Übung relativ sicher, schiebe das Behältnis nun Stück für Stück ein bisschen weiter weg. Ziel ist, dass Du später vom Schreibtisch aus den Hund zum Karton schicken kannst. Dafür muss der Hund die Distanz in kleinen Schritten erlernen.

4. Klappt es auf Entfernung nicht sofort, ziehe den Karton wieder an die Stelle zurück, an der es bereits funktionierte. Viel Erfolg!

Bei dieser sportlichen Betätigung kann sich der Mops super austoben und seinen natürlichen Beutetrieb befriedigen. Nutze für diese Übung auf jeden Fall eine weiche Hunde-Frisbeescheibe um Verletzungen beim Hund zu vermeiden. Ziele nie direkt auf Deinen Mops.

1. Zeige dem Mops die Frisbeescheibe und versuche, sein Interesse dafür zu wecken. Rolle und verstecke die Scheibe hinter Deinem Rücken.

2. Hast Du sein Interesse geweckt, wird er nach dem Frisbee schnappen. Lasse ihn damit laufen, aber auf das Kommando „**Komm!**“ und „**Aus!**“ sollte Mops Dir die Scheibe zurückbringen und ablassen.

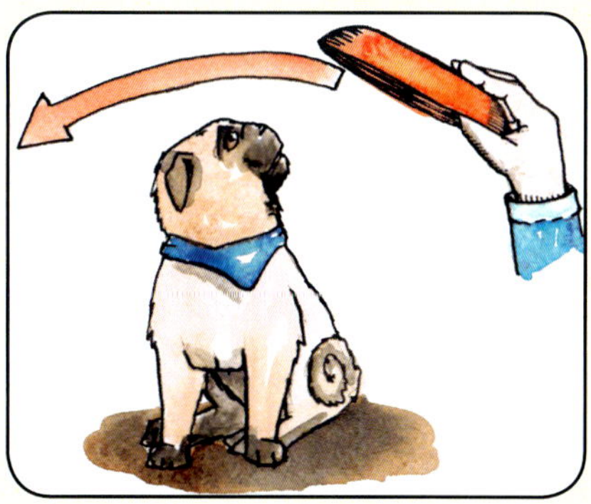

3. Nun geht es daran, die richtige Wurftechnik zu entwickeln. Halte die Scheibe dazu so, wie auf den Abbildungen und wirf das Frisbee in einer tiefen, parallel zur Erdoberfläche befindlichen Wurfbahn. Mit einem bestimmten „**Aus**“ übergibt der Mops die Scheibe.

Welpen unter 15 Monaten sollten noch kein Frisbee spielen. Stelle vor dem Spiel sicher, dass der Mops keine körperlichen Beeinträchtigungen hat. Es kann Wochen dauern, bis der Mops das Fangen in der Luft beherrscht.

Ziel dieser sportlichen Übung soll es sein, dass der Mops durch einen Reifen springt. Ob der Reifen fest montiert ist oder Du diesen in der Hand hälst, spielt dabei keine Rolle. Benutze für den Anfang einen einfachen Reifen ohne Klimbim, damit sich der Hund nicht erschrickt. Das Hörzeichen dieser Übung lautet „**Spring!**“

1. Halte den Reifen am Boden. Knie dabei und nutze ein Leckerchen, um den Mops durch den Reifen zu locken. Sage dabei „**Spring**“.

2. Es ist unwahrscheinlich, dass ein Mops Angst vor einem Reifen haben wird. Sollte dies trotzdem der Fall sein, so führe ihn mit der Leine hindurch. Lobc ihn, sobald cr dcn Rci fen durchschritten hat und reiche ihm das Leckerlie.

3. Im nächsten Schritt hebe nun den Reifen ein wenig an und bringe den Mops gegen Leckerlie dazu, durch den Reifen zu springen. Werfe das Leckerchen, sodass der Mops möglichst gerade durch den Reifen kommt. Er springt sozusagen seiner Belohnung durch den Reifen hinterher. Achte darauf, dass Du den Reifen stets etwas tiefer hälst, als der Mops springen könnte. So vermeidest Du mögliche Verletzungsgefahren Deines Hundes.

Bekannte Krankheitsbilder des Mops

Der Mops benötigt eine gute Pflege seines Menschen, um lange gesund und mopsfidel zu bleiben.
Zwar ist der Mops ein robuster, gesunder und langlebiger Hund, doch es gilt die Prämisse: „Vorbeugen ist besser als Heilung." Regelmässige Tierarztbesuche und Impfungen helfen dabei. Warte nicht, bis Dein Mops krank ist. Tierarzt ist nicht gleich Tierarzt, hier solltest Du wählerisch sein und auf Empfehlungen hören. Da der Mops ein Hund ist, der Gebrechen sehr gut verstecken kann, kann es für Dich schwierig sein, etwaige Krankheiten zu erkennen. Bei kleinsten Anzeichen solltest Du also mit dem Mops zum Tierarzt, denn es können mitunter lebensbedrohliche Erkrankungen hinter einer harmlos erscheinenden Symptomatik stecken. Neben einer optimalen Pflege, gesunder ausgewogener Ernährung und artgerechter Auslastung gibt es weitere prophylaktische Maßnahmen, die zu einem gesunden Hundeleben beitragen. Dazu gehören beispielsweise Wurmkuren, die alle 3 Monate durchgeführt werden sollten. Diese Kuren behüten den Mops vor parasitären Erkrankungen wie Peitschen,- Band,- Haken- oder Rundwurmbefall. Falls Du Deinen Hund vor zu viel Chemie schützen willst, lasse alternativ alle 3 Monate den Hundekot auf Wurmbefall testen, bevor Du zur Wurmkur greifst.
Die Haut des Mopses muss regelmäßig auf Zecken oder Parasiten kontrolliert werden. Solltest Du Dir nicht zutrauen, eine Zecke vollständig zu entfernen, ist auch hier ein Tierarztbesuch angezeigt. Außerdem sollte der Mops regelmäßigen Impfungen unterzogen werden. Beachte dazu das folgende Impfschema:

6. - 8. Woche:
Parvovirose, Staupe

8. Woche:
Leptospirose, Zwingerhusten, HCC

10.-12. Woche:
auffrischende Impfung gegen Staupe und Parvovirose

12. Woche:
auffrischende Impfung gegen Leptosirose, Zwingerhusten und HCC

Ab 12.Woche: Tollwut

16.Woche: Tollwut, Staupe, Parvovirose, HCC, Leptospirose, Zwingerhusten

Die Impfungen sind anschliessend alle 15 Monate zu wiederholen. Wird eine Auffrischimpfung verpasst, muss eine neue Grundimmunisierung erfolgen.
Außerdem solltest Du es nicht versäumen, Deinen Mops von Frühjahr bis Herbst täglich nach Zeckenbefall zu untersuchen. Die Zecke kann den Hund mit Borreliose infizieren. Hier ist angeraten, den Mops mit speziellen Anti-Zecken-Präparaten zu schützen. Zudem solltest Du für viel Bewegung an der frischen Luft sorgen, um den Mops gegen Krankheitsanfälligkeit abzuhärten.

Krankheitsbilder mit Impfschutz

Parvovirose

Diese hochansteckende Viruserkrankung ist weltweit die häufigste infektiöse Todesursache bei Hunden. Besonders bei ungeimpften Welpen oder jungen Hunden kann diese Krankheit zu fatalen Folgen führen, z.B. einer Herzmuskelentzündung, Blutvergiftung oder Endotoxinschock. Die Parvovirose ist hierzulande weit verbreitet, konnte das Virus immerhin bei 3 von 4 Hunden nachgewiesen werden. Der Mops infiziert sich über die Aufnahme von mit infiziertem Kot, verunreinigtem Futter sowie durch das Belecken von Fell, Teppichen, Kleidern etc.

Symptome:

- wässriger, oft blutiger Durchfall
- Fieber
- Erbrechen

Leptospirose - Stuttgarter Hundeseuche

Die Leptospirose ist auch unter dem Begriff Stuttgarter Hundeseuche bekannt. Gefährlich bei dieser bakteriellen Erkrankung ist, dass der Mops diese Krankheit auch auf den Menschen übertragen kann (Zoonose). Die Leptospiren werden als Krankheitserreger über den Urin infizierter Tiere ausgeschieden. Die Erreger verunreinigen auf diesem Wege Wasser, Futter, Erde etc und gelangen so in den Organismus anderer Hunde. Aber auch durch Paarung oder Keilereien mit anderen Hunden können im Falle einer Ansteckung die Bakterien in die Blutbahn gelangen und sich in den Geschlechtsorganen, Augen, der Milz, den Nieren, der Leber und dem zentralen Nervensystem ausbreiten und beim Tier zu schweren Organschäden führen. Wie stark die Beschwerden bei einer Leptospirose beim Hund sind, hängt unter anderem vom Alter und dem Zustand des Abwehrsystems des Hundes ab. Generell können Hunde jeden Alters an Leptospirose erkranken. Besonders schwerwiegend ist die Infektion aber bei Welpen unter sechs Monaten, die nicht gegen Leptospiren geimpft sind.

Symptome:

- Mattigkeit
- Fieber
- Nahrungsverweigerung
- Erbrechen
- Durchfall
- Blut im Urin
- manchmal Gelbsucht

Hepatitis contagiosa canis (HCC)

Auch bei Zimmertemperatur bleibt dieses weltweit verbreitete Virus infektiös und kann in der Umwelt mehrere Wochen überleben. Dieser Leberentzündung geht zunächst eine Leberzirrhose bzw. Leberfibrose voraus. Infizieren kann sich der Hund mit Urin bzw. urinhaltigem Futter oder Wasser. Organe wie Augen, Nieren, Leber sowie die Innenwände der Gefäße werden befallen, was beim Mops zu Fieber führt. Die akute HCC endet für den Hund sehr oft tödlich.

Symptome:

- Fieber
- Durchfall
- übermäßiger Durst
- Erbrechen
- Apathie
- Gelbsucht
- Leibschmerzen
- Verweigerung der Nahrungsaufnahme
- Augen- und Nierenentzüdungen

Tollwut

Diese Krankheit endet immer tödlich. Diese anzeigepflichtige Tierseuche kann durch Bisse und Speichel übertragen werden. Seltener aber möglich, ist eine orale Infektion. Das Virus wandert entlang der Nerven zum zentralen Nervensystem und anschließend zu den Speicheldrüsen.

Charakteristisch sind erhebliche Verhaltensänderungen sowie starkes Speicheln, bedingt durch Schluckstörungen.

Symptome:

- Fieber
- Kopfschmerzen
- Übelkeit
- Durchfall
- Erbrechen
- Wesensveränderung
- Aggressivität
- Lähmungserscheinungen
- stets wachsende Ruhelosigkeit
- Gleichgewichtsstörungen
- Krämpfe

Neben diesen Krankheiten, die Du durch die Erfüllung des Impfschemas vermeiden kannst, gibt es auch sogenannte Non-Core-Impfungen, die der Tierarzt individuell – je nach Lebensumständen des Tieres und/ oder aktueller Seuchenlage empfiehlt. Hier sind Zwingerhusten, Babesiose, Borreliose oder Herpesvirus erwähnenswert. Frage hierzu Deinen Tierarzt.

Krankheitsbilder ohne Impfschutz

Patella Luxation (PL)

Die PL stellt eine plötzliche Verlagerung der Kniescheibe aus ihrer Gleitrinne im Oberschenkelknochen dar. Die PL ist vererbbar und tritt meistens innerhalb des ersten Lebensjahres auf. Der Mops sollte besonders als Welpe keine Treppen steigen und Sprünge von Couch und Stuhl wagen. Bei der Patellaluxation ist eine frühzeitige Behandlung durch einen Tierarzt angeraten. Züchter, die dem VDH angehören, ist eine Zucht nur mit PL-freien Möpsen erlaubt.

Atemprobleme beim Mops

Dieses Defizit tritt vor allem bei Möpsen mit einem sehr kurz gezüchteten Fang zutage. Der Hund leidet unter einem verlängerten weichen Gaumen, der die Luftzufuhr in die Lunge behindert. Ebenso sorgt die Wulstzunge für Probleme, durch die der Mops mit aufgerollter Zunge hechelt und die Luftzufuhr behindert und den Mops in Atemnot geraten lässt. Größere Anstrengungen und Hitze sind bei diesen Hunden tabu. Schnarchen oder Röcheln können auftreten, müssen aber nicht zwangsläufig eine Atembehinderung für den Hund darstellen. Es ist VDH-Rassezuchtvereinen untersagt, Möpse mit anatomisch bedingten Atemproblemen zur Zucht zu nutzen.

Bindehautentzündung

Verursacht durch Wind, Zugluft und andere Umwelteinflüsse kann es bei Möpsen vermehrt zu Bindehautentzündungen kommen. Grund hierfür sind die großen und hervorstehenden Augen, die gegen Umweltreize nur wenig geschützt sind. Dabei zeigt sich die Bindehaut gerötet und das Auge tränt. Als Medikation kommen Tropfen oder Salben vom Tierarzt zum Einsatz. Auch Hornhautprobleme können auftreten.

Die Hüftdysplasie

Diese Hüftgelenkserkrankung tritt zwar bei größeren Hunderassen häufiger auf, betrifft aber auch kleine Hunde wie unseren Mops. Hier wird sie auch als genetischer Defekt weitergegeben und bedeutet eine sehr schmerzhafte Erkrankung für den Hund. Diese Krankheit lässt sich gut vermeiden, indem Du für eine ausgewogene Ernährung sorgst und Übergewicht durch viel ausdauernder Bewegung vorbeugst. Aufgrund der hohen Quote für angeborene Erbfehler ist gerade beim Mops vom ersten Tag an auf regelmäßige Bewegung zu achten, bei der sich der Hund austoben und viel rennen kann. Tiefe Sprünge und Treppensteigen sind jedoch zu vermeiden.

Das Brachycephale Syndrom

Durch seine angezüchtete Rundköpfigkeit, durch die der Fang praktisch weggezüchtet wurde, hat der Mops eine sehr kurze Nase und ein breites Gesicht. Daraus resultieren ein verkürztes Nasenbein und Nasennebenhöhlen. Der Mops entwickelt eine Kurzatmigkeit, die sich auch beim Schlafen durch lautes Schnarchen bemerkbar macht sowie einer stark eingeschränkten Kondition. Je nach Schwere kann das Brachycephale Syndrom mit einem kleinen chirurgischen Eingriff beim Tierarzt bearbeitet werden, sodass die Atmung des Hundes und damit seine Lebensqualität verbessert werden kann. Die Anschaffung eines „Ur-Mopses“ mit längerem Fang aus einer der inzwischen etablierten Neuzüchtungen kann helfen, das Brachycephale Syndrom zu vermeiden. Das Brachycephale Syndrom ist jedoch nicht nur ein Problem des Mops, sondern aller kurzköpfigen Rassen wie Boxer, Pekinesen oder Bulldoggen.

Die Demodikose

Bei der Demodikose spricht man von einer durch Milben ausgelösten Hauterkrankung, die den Mops leider immer häufiger betrifft. Die bei dieser parasitären Hauterkrankung auftretenden Demodexmilben vermehren sich stark und verursachen schwere Hautstörungen, die vom Tierarzt behandelt werden müssen. Dieser Krankheit vorzubeugen bedeutet vor allem, einen Welpen aus verantwortungsbewusster Zucht auszuwählen. Da vermutet wird, dass der Mops im Laufe der Zeit einen Immundefekt entwickelt hat, nehmen gute Züchter Hunde mit Demodikose aus ihrer Zucht, denn kleine Welpen stecken sich bereits in den ersten drei Lebenstagen bei ihrer Mutter an.

Die erbliche Enzephalitis (PDE)

Bei der Enzephalitis (oder auch PDE) spricht man von einer erblichen Autoimmunerkrankung, die sich durch eine schwere Entzündung des zentralen Nervensystems bemerkbar macht. Es erfolgt eine genetisch festgelegte Überreaktion des Immunsystems, bei der die körpereigenen Abwehrzellen die Nervenzellen im Gehirn angreifen und schädigen. Die ersten Symptome zeigen sich bereits in einem Alter von 6 Monaten bis zu 3 Jahren.

Spätestens 6 Monaten nach dem Auftreten der ersten Symptome stirbt der Mops. Symptomatisch bei der PDE sind Orientierungslosigkeit, Krämpfe, Kopfschütteln, Im-Kreis-Laufen, Zittern, Wackeliger Gang und Stolpern, völlige Verwirrung und Koma.

Alternative Heilmethoden bei Hunden

Meine persönlichen Erfahrungen mit alternativen Heilmethoden kann ich fast ausschließlich als sehr positiv und oft auch als überraschend beschreiben. Deshalb empfehle ich Dir, diese nicht von vornherein abzulehnen, nur weil sie mit unseren heutigen wissenschaftlichen Möglichkeiten in ihrer Wirksamkeit nicht nachgewiesen werden können. Schon Paracelsus wusste: „Wer heilt hat Recht." Und obwohl einige Gegner alternativer Heilverfahren versuchen, die Wirksamkeit mancher Methoden als reinen Placebo-Effekt abzutun, muß die Frage erlaubt sein, warum diese dann auch bei Tieren wirken? Vor allem auf dem Gebiet der Quantenenergie (Quantenheilung) erfahren Mensch und Tier immer wieder erstaunliche Heilerfolge, die unsere Wissenschaft nicht erklären kann. Bei manchen Erkrankungen kann ein alternatives Verfahren die klassische Medizin sogar völlig ablösen.

Die Ausheilung dauert bei alternativen Heilmethoden zwar etwas länger, ist dafür aber deutlich ärmer an Nebenwirkungen. Bewährt haben sich auch Kombinationen von Schul- und Alternativmedizin. Allerdings rate ich von Eigenversuchen und Selbstdiagnostik ab, auch die alternativen Verfahren bedürfen eines darin ausgebildeten Therapeuten. Einige Methoden kannst Du aber auch selbst bei Deinem Mops anwenden. Im Folgenden möchte ich Dir zeigen, welche Verfahren sich bewährt haben.

Homöopathie

Homöopathische Medikamente für Hunde werden gern ergänzend zu klassischen Mitteln der Schulmedizin eingesetzt, auch Tierärzte empfehlen das oft.
Mit der Homöopathie hast Du die Möglichkeit, Deinem Hund auf sanfte Art und Weise zu helfen. Die Homöopathie betrachtet das Lebewesen als Ganzes. Nicht nur das Symptom, sondern das ganze Tier an sich findet in der Homöopathie Beachtung. Es gilt die Prämisse: „Ähnliches wird mit Ähnlichem geheilt." Das heisst, dass ein Mittel, das dem Hund unverdünnt verabreicht, genau die Symptome verursachen würde, an denen das Tier leidet, hoch verdünnt (potenziert) jedoch die Heilung des Hundes bewirkt.

Das funktioniert bei Menschen bereits seit 200 Jahren, inzwischen haben Tierbesitzer und Tierärzte, Landwirte und Tierheilpraktiker die Homöopathie für die verschiedensten Tierarten entdeckt, so auch die Homöopathie für Hunde. Dabei stammen die zur Anwendung kommenden Homöopathika fast ausschließlich aus dem Pflanzenreich. Ausnahmen sind spezielle Mineralien oder Metalle. Mithilfe diverser Auszugsverfahren durch Alkohole, Wasser oder Milchzucker werden aus natürlichen Stoffen sogenannte Urstoffe gewonnen, die durch gezielte Verdünnung zu Dezimalpotenzen verarbeitet werden und vom Homöopathen je nach Erkrankung und Schweregrad bei der Therapie eingesetzt werden. Diese sind z.B. als Streukügelchen, Tabletten oder Tropfen (Dilution) erhältlich. Die einfachste Verabreichung eines homöopathischen Mittels beim Hund ist die Globuli-Form (Zuckerkügelchen). Man legt bei dieser Darreichung dem Hund die Globuli einfach in die Lefzen. Hat man das richtige Mittel für den Hund gefunden, lässt sich beobachten, dass der Hund ein richtiges Verlangen nach den Globuli hat. Um die Homöopathie richtig und gezielt anzuwenden, solltest Du einen Tierheilpraktiker oder auf diesem Gebiet erfahrenen Tierarzt zu Rate ziehen. Wie auch beim Menschen, muss der Therapeut die genaue Krankengeschichte des Hundes kennen, um die richtige Medikation erstellen zu können.

Akupunktur

Akupunktur kann die Schmerzen Deines Hundes lindern und Entzündungen in seinem Körper abklingen lassen. Dabei wird die Ausschüttung der körpereigenen Hormone Cortisol, Endorphin sowie Serotonin angeregt und wirkt stimulierend auf diverse Wachstumsfaktoren des Körpers, die die Erneuerung von Zellgewebe anregen. Wissenschaftliche Studien haben dies längst belegt.
Wenn die Produktion dieser Hormone durch Akupunktur in Gang gesetzt wird, fördern diese Hormone die Regeneration von Nerven, Körperzellen, Sehnen, Knochenhaut, Bindegewebe und Gelenken. Aus dieser Tatsache heraus lässt sich die langfristig heilende Wirkung der Akupunktur erklären – insbesondere auch bei vielen chronischen Erkrankungen. Aber auch bei Möpsen mit Hüftdysplasie oder anderen Gelenkserkrankungen kann die Akupunktur die letzte Möglichkeit sein, dem Hund wieder spürbar mehr Lebensqualität zu geben. In der Traditionellen Chinesischen Medizin (TCM) geht man von über 300 Akupunkturpunkten aus, die auf den verschiedenen Energiebahnen (Me-

ridanen) angeordnet sind.
Durch das Einstechen mit Akupunkturnadeln in den jeweiligen Akupunkturpunkt wird die Lebensenergie (Qi) wieder in den geregelten Fluss gebracht. Die Akupunkturpunkte sind dabei vergleichbar mit Schaltern, mit denen sich der „Stromfluss" regeln lässt und durch deren Nadelung oder Erwärmung der Organismus gezielt dazu angeregt wird, sich selbst zu heilen. Nach der ersten Sitzung wirst Du wahrscheinlich beobachten können, dass der Mops müde wird und schlafen will. Denn es setzt die Selbstheilung des Körpers ein und Du solltest Deinen Hund dann auf jeden Fall schlafen lassen. Auch die sogenannte „Gold-Akupunktur" kann auf besondere Erfolge verweisen, bei der spezielle Goldkügelchen dauerhaft in bestimmte Akupunkturpunkte gesetzt werden und so die Schmerzleitung unterbricht. Hier spricht der Experte von einer Dauerakupunktur, die dem Hund dauerhaft Beschwerdefreiheit bringen soll. Von Vorteil ist außerdem, dass dem Mops bei der Akupunktur keine Schmerzen zugefügt werden. Ganz im Gegenteil, denn der Hund spürt instinktiv, dass die Behandlung zu seinem Besten ist. Kompetente Veterinärmediziner, die diese Form der Akupunktur ausführen, findest Du auf der Webseite Deiner jeweiligen Landestierärztekammer. Frage auch Deinen Tierarzt.

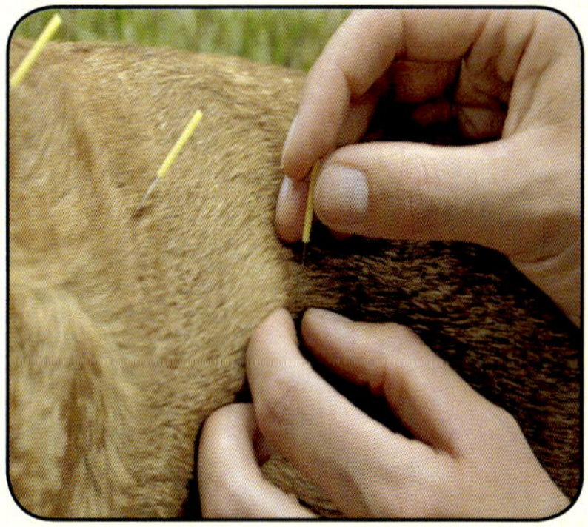

Akupunktur kann die Schmerzen des Hundes lindern und Entzündungen in seinem Körper abklingen lassen.

Phytotherapie

Die Phytotherapie ist neben der Akupunktur die wichtigste Heilmethode der TCM. Keine Therapiemethode kann auf eine längere Tradition und umfangreichere Erfahrungsberichte zurückblicken, als die Kräutertherapie. Pflanzen waren in der Veterinärmedizin seit Beginn an die am häufigsten verordneten Arzneien. Zum Einsatz kamen und kommen dabei ganze Pflanzen, aber auch einzelne Bestandteile wie Wurzeln oder Blätter. Aus diesen pflanzlichen Bestandteilen entstehen spezielle Medikamente, die vom Therapeuten verabreicht werden.
Diese Medikamente wirken dabei

aktivierend auf die Heilkräfte des Hundes und setzen Regenerationsprozesse in Gang. Außerdem lindern sie Schmerzen, so sehr, dass diese in vielen Fällen herkömmliche Schmerzmittel sogar ganz ersetzen können. Die Kräutermischungen beleben den Hund und lassen ihn aktiver werden, indem sie seine Lebensenergie „aufladen". Daher ist die Phytotherapie als Behandlungsmethode gerade bei chronischen Erkrankungen und als Ergänzung der Akupunktur durch nichts zu ersetzen.

Über 80% der Anwendungen im phytotherapeutischen Bereich bei Tieren werden dabei in Form von Tees oder pulverisierten Drogen verabreicht. Besonders an dieser Therapiemethode ist, dass Du dem Mops die vom Therapeuten zusammengestellten Kräuterrezepte selbst verabreichst. Ausnahmen bilden Wickel, Verbände oder Kataplasmenanwendung, die Du besser von professionellen Händen durchführen lassen solltest. In der Regel werden bei der Phytotherapie chinesische als auch heimische Kräuter in traditionellen Rezepturen verabreicht, die sehr wirkungsvoll sind und von Hunden jeden Alters gut vertragen werden. Die Rezepturen werden dabei auf das Alter und die individuellen Lebensgewohnheiten des Hundes abgestimmt, wobei die Dosierung sich nach dem Körpergewicht des Tieres richtet. Bei Hunden ist die Gabe von Fertigmischungen, also konzentrierten Extrakten, Pulvern und Pillen, die beste und einfachste Darreichung. Man kann sie mit einer Spritze ins Maul geben oder unter das Futter mischen. Die Fertigmischungen sollen täglich eingenommen werden und dauern von minimal einer Woche bis zu mehreren Monaten. Dies ist, je nach Schwere der Erkrankung, vom erfahrenen Therapeuten abzuklären. Auch sollte das Tier während der Therapie regelmäßig untersucht werden um die Wirksamkeit der Rezeptur während der Therapiedauer aufrecht zu erhalten.

Die Phytotherapie bietet eine Vielzahl an Möglichkeiten, Beschwerden beim Tier signifikant zu lindern.

Akupressur - Akupressurmassage

Die Akupressur ist der Akupunktur ähnlich. Der Unterschied besteht darin, dass mit den Fingern Druck auf die entsprechenden Akupunkturpunkte ausgeübt wird und nicht mit Nadeln. Die Akupressur ist die ideale Ergänzung zur Akupunktur, denn Du kannst zwischen den Akupunktur-Sitzungen Deinem Mops mithilfe dieser Methode zusätzlich Gutes tun und die Behandlungsabstände zwischen den Akupunktursitzungen verlängern. Außerdem kann es sein, dass die Anzahl der nötigen Sitzungen reduziert wird. Eine schnelle Linderung durch Akupressur kann insbesondere bei plötzlich auftretenden Beschwerden eintreten, vorausgesetzt man weiß, wo die entsprechenden Punkte liegen und wie selbige zu massieren sind. Bei schweren Störungen kann es lange dauern, ehe die Akupressur ihre Wirkung zeigt. Es gilt die Prämisse: „Die Akupressur kann heilen was gestört ist, aber nicht was zerstört ist."

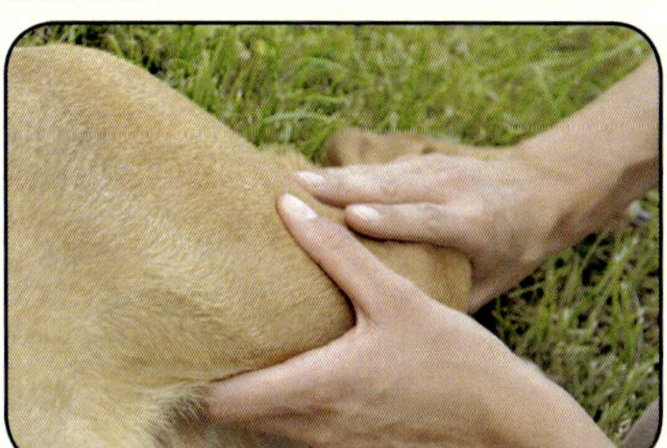

Osteopathie

Die Osteopathie ist ebenfalls eine ganzheitliche Behandlungsmethode, bei der der Therapeut mit seinen Händen Körperblockaden des Hundes ertastet und mithilfe bestimmter Berührungstechniken auflöst. Besonders bei schmerzgeplagten Hunden kann die Osteopathie richtig angewendet, zum Erfolg führen. Hierzu können durchaus viele Sitzungen nötig sein. Die Osteopathie aktiviert ebenfalls die Selbstheilungskräfte des Tieres, das Körpergewebe wird wieder zurück ins Gleichgewicht gebracht und Körperflüssigkeiten in ihren natürlichen Fluss. Häufig kommen die Bewegungsbeschwerden bei Hunden von Ungleichgewichten der inneren Organe und von Muskelverspannungen oder Muskelüberbelastungen. Viele Veterinärmediziner sind inzwischen Experten auf dem Gebiet der Osteopathie.

Folgendes Inventar sollte in der Hausapotheke des Mops zu finden sein:

- **Zeckenzange**
- **Krallenschere**
- **Verbandsschere**
- **Fieberthermometer, Vaseline**
- **(Stab-) Taschenlampe**
- **elastische Mullbinden**
- **Pflasterrolle**
- **Watte**
- **Pinzette, abgerundete Spitzen**
- **Mullkompressen**
- **sterile Wundauflagen**
- **selbstklebende Binden**
- **wasserfestes Klebeband**
- **Wunddesinfektionsmittel**
- **Antiseptisches Puder**
- **Heparin-Salbe** (*bei Blutohr*)
- **Traumeel-Salbe** (*homöopathisches Mittel*)
- **Antibiotikahaltige Wund - und Augensalbe**
- **Antihistamin- oder Kortisontabletten** (*allergischer Schock*)
- **Rescuetropfen zur Beruhigung in akuten Notfällen**
- **Elektrolytpulver zur Stärkung bei Erbrechen und Durchfall**
- **sterile Gaze**
- **Einmalhandschuhe**
- **Antibiotikahaltige Wund - und Augensalbe**

Beziehe Salben und Tabletten für den Mops stets vom Tierarzt Deines Vertrauens. Keine Darreichung von Medizin ohne Absprache mit dem Tierarzt!

- mit 2400 Jahren eine der ältesten Hunderassen der Welt
- Idealer Familien- und Begleithund ohne nennenswerte Aufgaben

- Größe:

31 bis 35 cm Schulterhöhe

- Gewicht:

zwischen 6 und 9 kg

- Fell:

Feines und glattes Haar, weich, kurz und glänzend

- Farbe:

Hellbeige mit schwarzer Maske, Apricot mit schwarzer Maske, Schwarz, Silber oder helles Silbergrau

- Lebenserwartung:

12-15 Jahre

- Wesen:

-Möpse brauchen Gesellschaft und sind am liebsten überall dabei. Sie sind nicht aggressiv, eher stur. Die konsequente Erziehung bereits im Welpenalter ist unerlässlich. Ausgesprochen kinderlieb und besonders zuwendungsintensiv. Der Mops ist außerdem überdurchschnittlich intelligent.

-Besonderheiten:

Der Mops zählt zu den brachycephalen Rassen, die Kurz- bzw. Rundköpfigkeit ist charakteristisch. Sein Fang ist stark verkürzt, die Augen stehen leicht hervor. Wie bei allen brachycephalen Rassen, kann es auch beim Mops häufig zu Problemen mit der Atmung kommen. Übermäßige Anstrengung und Hitze verträgt der Mops nicht immer.

Retromopszucht „vom Bromberg"
Gisela Kleinschmidt
Breslauer Str. 22
58809 Neuenrade
Tel: 02392/8053055
email: info@retro-mops.de

Verband für das Deutsche Hundewesen (VDH) e. V
Westfalendamm 174
44141 Dortmund
Telefon: 0231 565 00-0
Telefax: 0231 592 440
E-Mail: info@vdh.de
Internet: www.vdh.de

Deutscher Mopsclub e.V.
Inge Wessling
Grundermühle 7
51515 Kürten
Tel.: 0 22 68 14 94
Fax.: 0 22 68 14 94
www.mopsclub.de

Verband Deutscher Kleinhundezüchter e.V.
Ines Braun
Sonnhalde 60
79674 Todtnau
Tel.: 0 76 71 2 43 39 29
www.kleinhunde.de

M.P.R.V. e.V. Mops-Pekingesen Rassehunde-Verband
Hauptgeschäftsstelle
Am Pastorenholz 26
32584 Löhne
Tel.: 05732 / 89 11 21
E-Mail: info@mprv.de
www.mprv.de

Österreichischer Mops Club
1120 Wien
Ratschkygasse 18
Tel: 0676 385 96 61
www.mops.at

Schweiz:
www.zwerghundeclub.ch

Bildnachweise

Titelfoto: © DJakob - Fotolia.com
S.1 ©iStock.com/s-dmit
S.4 ©iStock.com/fotojagodka
S.5 ©Djakob-Fotolia.com
S.6 ©iStock.com/vitcom
S.7 ©JoGraetz-Fotolia.com
S.8 ©ersa Verlag
S.10 ©cynoclub-Depositphotos.com
S.13 ©artitcom-Depositphotos.com
S.15 ©lifeonwhite-Depositphotos.com
S.17 ©AGL Photoproduction-Depositphotos.com
S.19 ©nemez210769-Depositphotos.com
S.20 ©enduro-Depositphotos.com
S.21 ©lifeonwhite-Depositphotos.com
S.22 ©ulkan-Depositphotos.com
S.25 ©jacksonjesse-Depositphotos.com
S.27,30,36,-40 ©G.Kleinschmidt
S.30 ©lifeonwhite - Depositphotos.com
S.44 ©imagerymajestic-Depositphotos.com
S.46 ©Callalloo Candcy@Fotolia.com
S.47 ©Martina Raab@Fotolia.com
S.48 ©Denise Busch
S.50 ©gvictoria-Depositphotos.com
S.51 ©annakukhmar@Fotolia.com
S.55 ©willeecole-Depositphotos.com
S.61,70 ©tonodiaz-Depositphotos.com
S.67 ©DS011-Depositphotos.com
S.68 ©elenstudio-Depositphotos.com
S.72 ©dogforstudios-Depositphotos.com
S.76 ©elfenstudio-Depositphotos.com
S.80 ©manfredxy-Depositphotos.com
S.89 ©DJakob-Depositphotos.com
S.91 ©Vladislava_P-Depositphotos.com
S.106 ©DJakob@Fotolia.com
S.109 ©muro-Depositphotos.com
S.117,119 ©Roland Gruenewald@Fotolia.com
S.118 ©nata789-Depositphotos.com
S.120 ©willeecole-Depositphotos.com
S.121 ©anatema-Depositphotos.com
S.122 ©leeser-Depositphotos.com
Alle Illustrationen Hundtricks:
Denise Busch/budeni.com

Hinweis:

Alle Angaben in diesem Buch wurden nach bestem Wissen und mit größter Sorgfalt erstellt. Die Angaben und Empfehlungen erfolgen ohne Verpflichtung oder Garantie der Autorin. Sie und der Verlag übernehmen keine Verantwortung und Haftung für Personen-, Sach- und Vermögensschäden bzw. Schäden am Tier aus der Anwendung der hier erteilten Ratschläge. Dieses Buch hat nicht die Absicht und erweckt nicht den Anspruch, eine ärztliche Behandlung zu ersetzen. Ausdrücklich wird empfohlen, eine medizinische Diagnose vom Therapeuten einzuholen und eine entsprechende Therapiebegleitung durchzuführen. Einige der vorgestellten Maßnahmen weichen von der gängigen medizinischen Lehrmeinung ab und resultieren aus der Erfahrungsheilkunde. Es wird ausdrücklich darauf hingewiesen, dass mit diesem Buch keine erfüllbaren Hoffnungen erweckt werden, die eventuelle Heilerfolge erwarten lassen können. Die Verwertung der Texte und Bilder, auch auszugsweise, ist nur mit Zustimmung des Verlags und der Autorin erlaubt. Dies gilt auch für Vervielfältigungen, Übersetzungen, Mikroverfilmungen und für die Verarbeitung mit elektronischen Systemen.Der Leser dieses Buches sollte bei der Anwendung der erteilten Ratschläge und Übungen stets auch sein persönliches Urteilsvermögen einsetzen. Die Autorin und der Verlag sind nicht verantwortlich für den Inhalt der unter den angegebenen Links erreichbaren Internetseiten.

Quellen:
Zitat S.33:
http://www.gesetze-im-internet.de/tierschg/__11b.html

Zitat S.33/34: Wikipedia
Zitat S.35/36: www.mprv.de
Zitat S.36: Hellmuth Wachtel „Rassehund wohin?", Kynos Verlag 2012

Impressum

Bibliografische Information der Deutschen Nationalbibliothek
Die Deutsche Nationalbibliothek verzeichnet diese Veröffentlichung in der Deutschen Nationalbibliografie.

ersa Verlag
Seeblick 20, 23974 Boiensdorf
Email: info@ersa-verlag.de
Internet: www.ersa-verlag.de
Umschlagentwurf: ersa Verlag
Titelfoto: © DJakob - Fotolia.com
ISBN:978-3-944523-05-7